U0182897

新媒体 营销系列

新媒体制作技术

IMS（天下秀）新媒体商业集团　编著

清华大学出版社
北京

内容简介

短视频创作起步门槛比较低，技术要求相对不高，自带互联网传播的大众属性，因而聚合了大量的UGC，并由此开启了内容创作领域的流量时代。流量转化让短视频产生了商业价值，并成为新时代背景下不同文化的展示和交流途径。

本书从讲解短视频内容创作的基础理论出发，全面介绍了短视频内容创作的概念、内容创作流程、前期拍摄、后期制作以及使用移动端和PC端视频剪辑软件对短视频进行后期剪辑处理的方法和技巧，使读者能够轻松掌握短视频的创作要领。全书共分为7章，包括内容创作技术、内容创作流程、图片及视频拍摄、视频剪辑原理、移动端剪辑软件应用、PC端剪辑软件应用和直播与制作等内容。另外，本书还赠送授课大纲和PPT课件，以便读者学习和教师授课。

本书案例丰富、讲解细致，注重激发读者兴趣和培养动手能力，适合作为欲从事短视频创作和短视频爱好者的参考手册。

图书在版编目（CIP）数据

新媒体制作技术 / IMS（天下秀）新媒体商业集团编著. —北京：清华大学出版社，2022.7
（2024.1 重印）
（新媒体营销系列）
ISBN 978-7-302-60558-4

Ⅰ.①新… Ⅱ.①I… Ⅲ.①多媒体技术－研究 Ⅳ.①TP37

中国版本图书馆CIP数据核字（2022）第064084号

责任编辑：张　敏
封面设计：杨玉兰
责任校对：胡伟民
责任印制：杨　艳

出版发行：清华大学出版社
　　　　　网　　　　　址：https://www.tup.com.cn，https://www.wqxuetang.com
　　　　　地　　　　　址：北京清华大学学研大厦A座　　　邮　　编：100084
　　　　　社　总　机：010-83470000　　　　　　　邮　　购：010-62786544
　　　　　投稿与读者服务：010-62776969, c-service@tup.tsinghua.edu.cn
　　　　　质　量　反　馈：010-62772015, zhiliang@tup.tsinghua.edu.cn
　　　　　课　件　下　载：https://www.tup.com.cn，010-83470236
印　装　者：北京博海升彩色印刷有限公司
经　　　销：全国新华书店
开　　　本：170mm×240mm　　　印　　张：16.25　　　字　　数：480千字
版　　　次：2022年9月第1版　　　印　　次：2024年1月第2次印刷
定　　　价：99.00元

产品编号：094797-01

编委会名单

主　　　编：IMS（天下秀）新媒体商业集团

编委会成员（排名不分先后）：

王　薇　王冀川　卢　宁　李　檬　李　剑　李文亮

李云涛　李　杨　孙　宁　孙杰光　孙　琳　刘　鹤

张歌东　张宇彤　张建伟　张　烨　张笑迎　张志斌

陈　曦　陆春阳　徐子卿　韩　帆　郭　擂　段志燕

杨　丹　杨　羽　吴奕辰　袁　歆　唐　洁　雷　方

蔡林汐　韩世醒　秦　耘　樊仁杰

前言

PREFACE

　　短视频是目前极具活力和影响力的新媒体形态。伴随着互联网技术、移动互联技术、社交网络、轻量级数字视频设备的不断发展与普及，作为终端的受众群体和传播主体共同参与信息内容传播的时间不断碎片化和互动化，于是新媒体网络短视频闭合开放的生态系统逐渐引起了大众的广泛关注。

　　对于没有接触过短视频创作的用户来说，如何才能够进入短视频创作领域呢？本书依据互联网营销、电子商务等相关职业岗位所需的行业基础知识要求而设置，从讲解短视频内容创作的基础理论出发，全面介绍了短视频内容创作的概念、内容创作流程、前期拍摄、后期制作以及使用移动端和 PC 端视频剪辑软件对短视频进行后期剪辑处理的方法和技巧，使读者能够轻松掌握短视频的创作要领。

本书特点

　　本书从实用的角度出发，全面、系统地讲解了短视频策划、拍摄和后期制作的理论知识和实践操作方法，将理论与实践相结合，使读者能够更加直观地理解所学的知识，让学习更轻松。

　　本书立足于高校教学，与市场上的同类图书相比，在内容的安排与写作上具有以下特点。

　　1. 结构鲜明，实用性强

　　本书立足于短视频的实际操作应用，从短视频的策划到短视频的前期拍摄，再到短视频的后期剪辑制作，结构非常清晰，全面系统地讲解了短视频创作的全过程。本书内容采用"理论知识＋实践操作"的架构，详细介绍了短视频的策划、拍摄和后期剪辑制作的方法与技巧，讲解循序渐进，将理论与实践相结合，帮助读者更好地理解理论知识，并提高实际操作能力。

　　2. 案例丰富，实操性强

　　本书注重理论知识与实践操作的紧密结合，从移动端短视频剪辑制作到 PC 端短视频剪辑制作，从短视频制作 App 到专业的视频编辑软件 Premiere 和 Final Cut Pro 的使用，突出"以应用为主线，以技能为核心"的编写特点，体现"学做合一"的思想。

　　本书囊括了大量短视频编辑与制作核心技能的精彩案例，并详细介绍了案例的操作过程与方法，使读者通过案例操作练习真正达到一学即会、举一反三的学习效果。

　　3. 图解教学，资源丰富

　　本书采用图文相结合的方式进行讲解，以图析文，使读者更加直观地理解理论知识，在实例操作过程中更清晰地掌握短视频的编辑与制作的方法与技巧。同时，本书还赠送授课大纲和

PPT 课件，以便读者学习和教师授课，读者可根据个人需求扫描下方二维码下载使用。

授课大纲

PPT 课件

本书读者对象

本书适合正准备学习短视频创作的初中级读者。本书充分考虑到初学者可能遇到的困难，讲解全面深入，结构安排循序渐进，通过案例的制作巩固所学的知识，提高学习效率。

本书由于编写时间较为仓促，书中难免有疏漏之处，在此敬请广大读者朋友批评、指正。

编者

2022 年 5 月

目录
CONTENTS

第1章　内容创作技术

新媒体是以个人为中心的，由用户创作内容，需要将人与内容进行整合。内容来源于人的创作，影响人并聚合人群。人创作内容、分享内容并利用内容。本章将主要介绍有关短视频内容创作的基础知识，包括内容创作的含义，短视频的信息传播优势，内容创作要素、方法、叙事技巧和趋势等，使大家对短视频这种新媒体表现形式有更多的认识和了解。

1.1　内容创作技术的含义

用户，既是内容消费者又是内容生产者，他们正在重塑着人们对传统媒体的视听行为。移动互联网技术的发展对新媒体的发展起到了决定性的作用，其核心就是让用户参与内容创作。视频分享平台为用户上传、分享他们的短视频内容提供了便利。基于此，网络短视频的创作方兴未艾。

1.1.1　什么是短视频

目前，学界对短视频并没有一个统一、明确的概念。一般来说，短视频即短片视频，指在互联网新媒体上传播时长在 5 分钟以内的视频。随着网络的提速与移动终端的普及，短、平、快的大流量传播内容逐渐获得各大平台、粉丝和资本的青睐，成为了互联网的又一风口。

关于短视频的概念，业界也不断有新的说法。

百度百科对短视频的定义为：短视频是指在各种新媒体平台上播放的、适合在移动状态和短时休闲状态下观看的、高频推送的视频内容，时长在几秒钟到几分钟不等。短视频内容融合了技能分享、幽默搞怪、时尚潮流、社会热点、街头采访、公益教育、广告创意和商业定制等主题。短视频的时长较短，可以单独成片，也可以成为系列栏目。

2017 年 4 月 20 日，今日头条创办了首个短视频奖项"金秒奖"，致力于规范短视频的行业标准。金秒奖根据全部参赛作品的平均时长和达到百万以上播放量作品的平均时长得出：短视频是时长 4 分钟以内，以互联网新媒体为传播渠道的内容载体，形态包括纪录片、创意剪辑、品牌广告和微电影等。

"57 秒、竖屏"是快手短视频平台对短视频行业提出的行业标准。

今日头条副总裁赵添也提出了一个短视频定义："4 分钟是短视频最主流的时长，也是最合适的播放时长"。

> 小贴士：　2019 年 1 月 9 日，中国网络视听节目服务协会发布了《网络短视频平台管理规范》和《网络短视频内容审核标准细则》。

1.1.2　短视频的特点

短视频的概念是相对于长视频而言的。长视频主要由相对专业的机构制作完成，如电影、电视剧等，投入大、成本高、制作周期长是长视频的特点。

长视频与短视频的对比如表 1-1 所示。

表 1-1　长视频与短视频的对比

分　类	长　视　频	短　视　频
使用时间	集中时间、长时段	碎片化时间
内容领域	电影、电视剧	范围广泛
传播属性	线性传播为主，速度较慢	裂变性传播为主，速度较快
制作特点	投入大、成本高、周期长	投入小、成本低、周期短

相较于传统视频，短视频行业主要存在以下 4 大特点。

1. 生产和传播碎片化

短视频由于其本身时长较短、内容相对完整、信息密度更大，能在碎片化的时间内给予用户持续不断的刺激，契合大众碎片化娱乐和学习的需求。

2. 获取信息的成本低

对内容消费者来说，短视频的形式使用户获取信息的成本更低，人们利用闲暇的碎片时间就能看完一个短视频。这也是我们读一本书读不进去，而刷短视频可以不间断地刷一下午的原因，正是因为信息的呈现更加浅显，不用经过大脑过多的思考处理。

3. 传播速度快，社交属性强

短视频具有较强的互动性，经常可以看到一个"梗"火了，就会有很多用户去模仿拍摄，并且经常有作者和用户在视频下方互动，甚至能一度成为热点话题。短视频平台和自媒体平台是一样的，系统会根据视频内容进行算法计算，推送给相应的用户观看，或是推送类似的视频，完全不用担心流量问题。

> 📎 **小贴士：** 梗：指一个想法、行为或者风格从一个人到另一个人的传播过程。如今对于"梗"的理解，已经不再仅仅指有趣的桥段，"梗"的意义已经被放大，更接近于模因。模因常常被当作梗的同义词，或者说梗是模因的通俗说法。"梗"由内容和形式所构成，内容指梗传递的信息，形式指梗的基本框架。

4. 生产者与消费者之间界限模糊

在短视频领域，"每个人都是生活的导演"这句广告语其实并不夸张，如今的微博、快手、抖音已经成为很多人的另一个主场。生活就是舞台，我们在观看的同时，也有可能转换身份成为制作者。

1.1.3　主流的短视频平台

移动互联网时代使短视频异军突起，短视频行业成为各企业争相角逐的盈利风口，短视频背后巨大的商业价值使网络短视频遍地开花，短视频平台犹如雨后春笋般呈现在大众面前。

1. 拥抱每一种生活——快手

快手的前身叫作"GIF 快手"，诞生于 2011 年 3 月，最初用来制作和分享 GIF 图片，是一款处理图片和视频的工具。2012 年 11 月，"快手"从纯粹的工具应用转型为短视频社区，成为用户记录和分享生产、生活的平台。

快手强调人人平等，不打扰用户，是一个面向所有普通用户的产品。在快手上，用户可以用照片和短视频记录自己的生活点滴，也可以通过直播与"粉丝"实时互动。截至目前，快手累计注册用户超过 7 亿人，日平均活跃用户超过 2 亿人。图 1-1 所示为快手 Logo 与 PC 端快手首页。

图 1-1　快手 Logo 与 PC 端快手首页

2. 记录美好生活——抖音

抖音隶属于北京字节跳动科技有限公司，是一款可以拍短视频的音乐创意短视频社交软件。该软件于 2016 年 9 月上线，用户可以通过该平台选择歌曲，拍摄音乐短视频，形成自己的作品。

最初，抖音邀请了部分中国音乐短视频玩家入驻平台，吸引了一批关键意见领袖所带来的流量。截至 2018 年 6 月，抖音短视频的日活跃用户数量已经超过 1.5 亿人，月活跃用户数量已经超过 3 亿人。图 1-2 所示为抖音 Logo 与 PC 端抖音首页。

图 1-2　抖音 Logo 与 PC 端抖音首页

🖋 **小贴士：**　抖音短视频平台背靠擅长机器算法的科技公司——今日头条，其目标是做一个适合年轻人的音乐短视频社区产品，让年轻人喜欢玩，能轻松地表达自己。

3. 抖音火山版

抖音火山版是一款 15 秒原创生活小视频社区，由今日头条孵化，通过小视频帮助用户迅速获取内容、展示自我、获得粉丝、发现同好。抖音火山版有诸多特点：快速创作短视频、极致视频特效、高颜值直播生活、精美高端画质和大数据算法等。

2020 年 1 月 8 日，火山小视频官方宣布：火山和抖音进行品牌升级，原火山小视频正式更名为"抖音火山版"，并启用全新图标，于 1 月 10 日正式上线。

抖音火山版的诞生，实现了抖音与火山小视频从流量、福利、内容和服务四个方面的融合升级，具体情况如表 1-2 所示。

表 1-2　抖音与火山小视频的融合升级情况

种类	升级内容
流量	两大平台数亿用户流量贯通，打造超级流量池，获得更多、更广泛、更精准的流量扶持
福利	流量扶持、成长福利和福利资源等各项政策计划双平台应用，在一定程度上提升了机构和创作者的积极性
内容	构建超级平台、超级内容共同体，实现内容互补，打造多元复合型内容生态圈层，进一步实现全方位用户覆盖
服务	提供创作者贴身服务，政策同步，后台统一，为机构和主播在双平台运营方面提供更精细化、便捷化的服务

4. 美拍

美拍是一款可以直播、制作短视频的手机 App，深受年轻人喜爱。2014 年 5 月上线后，美拍连续 24 天蝉联 App Store 免费总榜冠军，并位居当月 App Store 全球非游戏类下载量第一名。

截至 2016 年 6 月，美拍用户创作视频总数达 5.3 亿部，日人均观看时长 40 分钟；美拍直播上线半年，累计直播数已达 952 万场，累计观众数为 5.7 亿人次。

图 1-3 所示为美拍的 Logo 与 PC 端美拍首页。

图 1-3　美拍的 Logo 与 PC 端美拍首页

🖌 小贴士：　2016 年 1 月，美拍推出"直播"功能，同年 6 月推出"礼物系统"功能。不管是拍摄短视频还是直播，美拍都可以接受粉丝的在线送礼，使其迅速成为最有代表性的娱乐直播平台，创造了范冰冰巴黎时装周直播、黄子韬米兰时装周直播、TFBOYS 美拍直播挑战及戛纳电影节直播等经典案例，参与直播的不仅有明星，还包括网红、国际机构、媒体、品牌主播等。

5. 秒拍

秒拍由炫一下（北京）科技有限公司推出，是一个集观看、拍摄、剪辑和分享于一体的短视频工具，更是一个短视频社区。秒拍支持各种风格的滤镜、个性化水印和智能变声等多种功能，让用户的视频一键变大片。同时，秒拍还支持视频同步分享到微博、微信朋友圈和 QQ 空间。图 1-4 所示为秒拍 Logo 与 PC 端秒拍首页。

图 1-4　秒拍 Logo 与 PC 端秒拍首页

1.1.4　内容创作方式

短视频按生产方式可以分为用户生产内容（UGC）、专业用户生产内容（PUGC）和专业生产内容（PGC）3 种类型，其特点如表 1-3 所示。

表 1-3　短视频 3 种生产方式的特点

UGC	PUGC	PGC
成本低，制作简单 商业价值低 具有很强的社交属性	成本较低，有编排，有人气基础 商业价值高，主要靠流量盈利 具有社交属性和媒体属性	成本较高，专业和技术要求较高 商业价值高，主要靠内容盈利 具有很强的媒体属性

UGC——平台普通用户自主创作并上传内容，普通用户指非专业个人生产者。

PUGC——平台专业用户创作并上传内容，专业用户指拥有粉丝基础的达人，或者拥有某一领域专业知识的关键意见领袖。

PGC——专业机构创作并上传内容，通常独立于短视频平台。

1.1.5　短视频营销

从性质、作用上看，长、短视频并无太大的差异，与其他传播方式相比，都有着无法比拟的优势，容易聚集大量粉丝。因此，视频能够很快成为企业、网络大咖、自媒体运营者主要的宣传媒介。短视频是视频营销的一个细分类型，在认识短视频营销之前，需要先了解一下视频营销。

视频营销是指广告主将视频投放到各种互联网播放平台上，力图达到宣传目的的营销手段，包括电视广告、网络视频、宣传片、微电影等，以及现在比较流行的直播方式。

视频直播不仅造就了一个个"达人"，还造就了很多"网红"企业。

"小米"品牌每次推出新的产品时，都会在线上直接进行新品发布。为增强与粉丝的互动，老总雷军会亲自参与新品的发布直播，并在爱奇艺、bilibili、CIBN、第一财经、斗鱼、凤凰科技等二十多个直播平台同时播放，使"小米"成为了第一个进入"微视千万俱乐部"的企业级用户。图 1-5 所示为小米在抖音平台的官方直播，主要介绍小米品牌的产品，并直播带货。

图 1-5　小米在抖音平台的官方直播间

与视频营销相比，短视频营销起步较晚，最近几年才兴起。短视频社区或平台大量兴起后，一些企业开始尝试通过短视频来树立企业形象，推广产品，吸引更多客户。最先涉足视频营销的是互联网企业，如腾讯、网易、小米等。它们或开通自己的直播平台，或利用第三方平台进行视频直播，带动消费。与此同时，很多传统企业也开始布局短视频，小米手机官方微视已突破6万粉丝，宝马中国官方微视已突破3万粉丝。有的企业通过开设短视频官方账号，每天向用户提供优质的内容，以此来聚集大量粉丝，并在此基础上对品牌、商品资源进行整合、包装，进行传播。这也是大多数企业对短视频运用最重要的一种方式。

海底捞结合时下最热的短视频，直接进行产品和服务营销，通过短视频的方式向用户介绍海底捞的各种产品、活动、服务，以及一些创意吃法，让顾客在家也能学会多种吃法，享受多种美味。图1-6所示为海底捞在抖音平台的官方账号。

图1-6 海底捞在抖音平台的官方账号

过去，像上面这样的宣传和推广，多半要邀请自媒体报道才能获得数万用户关注。现在，短视频由于时间短，互动性强，操控灵活，逐步成为了企业宣传自我的重要工具，消费者也因其使用的便捷性非常喜欢这种互动方式。可见，短视频营销在未来将会成为主流与趋势。无论是小米、淘宝等新兴企业，还是海底捞等传统企业，都已经用完美的案例诠释了营销界的观点：在社交媒体多元化的大趋势下，品牌的商业化信息推广和用户针对社交平台所需要的信息其实并不存在冲突。

有些企业也开始与短视频达人合作，通过他们的短视频进行品牌的深度植入，通过其高人气和影响力传递品牌的核心信息。最重要的是，这些达人经过优质视频内容的长期输出，让用户在养成"追剧"习惯的同时也形成了更强烈的感性互动，他们与客户之间的关系更像是明星与粉丝的关系，在亲和力上使他们对粉丝的影响力和渗透力都相比"大V"有过之而无不及。目前，已经有很多企业开始步入短视频营销领域，并取得了不凡的成果。那么，短视频对企业营销的推动作用有哪些呢？具体来说，表现在以下三个方面。

1. 时效性强

短视频的特点之一是信息的即时发布。一条创意非常好的短视频发出后，短时间内就能被大量用户转发。基于短视频的实时性，企业在进行品牌传播和推广时，通常会把当前企业和消费者发生的或者来自消费者参与的（如企业线下活动），以及那些能够体现企业经营文化、品牌理念的故事，通过短视频快速地传播，并引发消费者的评论和互动。图1-7所示为宝马中国的短视频营销广告。

图 1-7　宝马中国在抖音平台发布的短视频营销广告

2.传播范围广

企业仅凭自己的力量难以实现短视频信息的快速扩散，即使拥有众多关注者，其影响范围可能也有限。因此，必须由关注者对信息进行转发或再次传播。传播的级数越多，产生的影响力就越大，这就是企业短视频营销中"点对面"模式的效果。而企业短视频营销"点对点的"模式是：企业可以通过短视频跟自己的任何一位粉丝进行交流，并对其提出的问题通过沟通加以解决。图 1-8 所示为短视频下的评论留言。

图 1-8　短视频下的评论留言

3.易接受性

利用短视频，企业可以与消费者进行面对面的交流与沟通。企业利用短视频进行品牌营销时，通过与消费者之间的话题互动或活动进行碎片化渗透。短视频营销在某种程度上淡化了企业的商业气息，让企业以倾听者的姿态亲近消费者，与消费者在互动、沟通中搭建起一种可信任的关系。

1.2　新媒体时代短视频的信息传播优势

在新媒体时代，短视频作为一种传播工具，良好的效果已经得到了证实。短视频独特的呈现形式、一键式的开放平台、快速的传播方式、高曝光度、低成本运营等一系列优势，都是其他类型媒体所不具备的。短视频对企业营销渠道建设、市场拓展、增强客户黏性都有巨大的促进作用。

1.2.1 信息传播更高效

内容的呈现方式有很多种，包括文字、图片、声音等，传统的内容呈现方式基本上都是单一的。随着人们阅读习惯的改变，阅读时间的碎片化，单一的文字、图片或声音信息已远远无法满足人们的阅读需求，大多数人更加倾向于阅读综合性的内容。短视频的出现正好迎合了人们的这些需求，它的优势在于可将多种形式的内容很好地黏合在一起，信息量更大，表现方式更多样，可读性更强，给人的阅读感受更直观、更丰富。

从信息传播的角度来看，文字可以组合，图片可以修改，声音可以后配，唯独短视频是基于真实场景且具有一定时效性的传播方式。尤其是建立在此基础上的直播，使观众与观众之间、主播与观众之间可进行实时交流，是最真实、最直接的体验。

从市场供求角度来看，短视频迎合了人们的阅读心理。由于其充分利用了人们的碎片化时间，从而得以迅速走进人们的生活、工作和学习中，成为年轻一代的宠儿。

短视频是互联网时代、移动互联网时代信息传播的重要形式，是伴随着数字视频技术不断完善而发展起来的。传统的传播方式大都是一看即过，很难给人留下深刻的印象，而短视频彻底颠覆了这一点。尽管只有很短的几分钟，甚至是几十秒、几秒，但由于短视频独特的呈现形式，往往会让人印象深刻。那么，短视频是以什么样的形式来向大众传播信息的呢？主要有以下5种。

1. 以"说"为主

"说"是信息传播最主要的一种形式，在短视频中，因能说、会说、巧说而被大众熟知的人非常多。提到"说"，就不得不提到自媒体视频脱口秀《罗辑思维》的主讲人罗振宇，他是因能说、会说而成名的代表。他表现自己"说"的能力的主战场就是一些自媒体平台，如公众号、抖音等。图1-9所示为罗振宇在抖音平台的账号及发布的相关短视频。

图 1-9　罗振宇的抖音账号及发布的短视频

靠"说"成名玩的就是语音，就像靠写作成名一样，只不过一个是文字，一个是语音。相对而言，语音在情感表达方面更丰满，再适当地加一些音效、配乐，更容易打动人。与写作相比，说更生动、更随性，不像文字那么刻板和严谨。对于想靠说成名的人来说，最难的地方莫过于说什么、怎么说。所以，最初，可以从说大家已乐于接受的现成内容开始，比如将网上流传的或最新的段子、最新的新闻、最新的评论说出来。如果想形成自己的"说"的风格，就需要在说的过程中适当加上自己的观点，久而久之，慢慢地就会形成自己的风格。

"酷酷的腾"是一个在抖音平台中拥有几百万粉丝的大V，其发布的短视频基本都是以"说"为主，很少有人物出镜，凭借诙谐幽默的说话风格，将日常生活中常见的一些事情和现象表达出来，形成自己特有的风格。图 1-10 所示为"酷酷的腾"在抖音平台的账号及发布的相关短视频。

图 1-10　"酷酷的腾"的抖音账号及发布的短视频

　　小贴士：　　现在与"说"有关的短视频还有一个专业名词，叫作"音媒体"，很多人开始通过音媒体表现自己"说"的能力。

　　2. 以"画"为主

　　在短视频中，以"画"来传递信息的案例非常多，形式上丰富多样，如动画、漫画、沙画、简笔画、映画等。较之于"说"需要一定的学识做即兴表达，"画"需要的是文化的积累和技术的铺垫。当然，靠画出名并不是单纯地展示画技，而是要有一点噱头，以幽默、搞笑为主。所以，想走这条路的人，一定要在这方面多思考、多下功夫。例如知名简笔画自媒体"简笔画"，通过简单的线条和色彩即可以完成一幅简笔画作品，配合可爱的文字表述，深受粉丝欢迎。图 1-11 所示为"简笔画"在抖音平台的账号及发布的相关短视频。

图 1-11　"简笔画"的抖音账号及发布的短视频

　　3. 以"技"为主

　　通过短视频来展现自己的才艺，如唱歌、跳舞、厨艺等，因短视频给人的视觉效果更直观，可让你的一技之长得以全方位地呈现在观众面前，让内容得到淋漓尽致的表现。例如，"喊菜哥教做菜"如图 1-12 所示。现在的粉丝数高达 400 万，每条短视频平均都有近 10 万的播放量，由此可见用户对他的喜欢程度。在录制做菜视频时，带有明显的湖南口音，加上说话快、声大，备受网友喜爱。

在短短几十秒的视频中，他用这种奇特的风格让大家很容易记住做菜的关键步骤。所以，想展示才艺的朋友，可以依靠短视频这个平台迅速圈粉，并且找到一大批与自己有共同爱好的人。

图 1-12 "喊菜哥教做菜"的抖音账号及发布的短视频

4. 以"我"为主

自媒体的兴起给了普通人更多的展示自我的机会，如模仿、恶搞等。通过自媒体平台，任何人都可以以任何合法的方式去展现自我。短视频作为自媒体的一种主要工具，自然也成为了很多人的首选。

展现自我，看似比较简单，实则很难；虽然门槛较低，但想要粉丝持续地关注并不容易。有时"展现自我"会成为一种自娱自乐。展现自我需要有展示的东西，如短视频上有很多美女、靓男之类的内容，展示的是自己的长相，但因为内容单一，很容易造成用户的审美疲劳。

媒体平台的平民化和操作的便捷性，使网络上各类的"网红"越来越多，网民的欣赏眼光也越来越高。现在"网红"不但要长得漂亮，还需要贴上与众不同的标签才能感动大众，激励大众，让大众产生共鸣。从专业角度来说，他们可能并不是最优秀的，之所以出名是因为他们背后的故事所折射出来的精神。所以，他们一出现就迅速引起了大家的共鸣，大家在他们身上看到了自己的影子，看到了自己的过去、现在，看到了自己的梦想。

图 1-13 所示为以展示吉他弹唱为主的短视频，结合吉他教学，能够很好地吸引对吉他感兴趣的用户的关注。

图 1-13 展示吉他弹唱的短视频

5. 以"测"为主

随着短视频行业的不断发展，短视频种类不断丰富，各类测评类短视频也层出不穷。同样一款产品，你是愿意看详情下单，还是愿意看到测评结果下单，我相信很多人都会选择后者，这也是为什么测评类短视频这么火的原因。测评类短视频可以分为零食测评、电影测评、数码测评和美妆测评等多种分类。

所有的商品都有它的优点和不足，所谓测评，就是能够从该产品的外观、功能、使用体验等各个方面客观公正地描述自己的感受。一味地诉说它的优点而忽略它的缺点会显得不客观、不真实，一味地阐述它的缺点而不提它的优点则会让人觉得虚伪、别有用心。

当然，互联网鱼龙混杂，并不缺乏收了钱特意夸大吹嘘和特意贬低产品以要挟商家给钱的无良评测人。哪怕真有人这么做了，商家利益受到侵害了，只要他们的评测视频做得不露骨，也拿他们没办法。但是请相信，这样的评测人的道路是不会走得长远的。

图 1-14 所示为"老爸评测"在抖音平台的账号及发布的相关短视频，其账号在"抖音"平台的粉丝数量有两千多万，可见其人气之高。在其发布的评测短视频中，通常会对日常生活中大家比较关心的产品进行评测。评测过程中通过试验、列举专业机构数据、展示专业媒体报道等多种形式，客观、公正地展现评测产品的功能、用途及优缺点等，深受粉丝欢迎。

图 1-14　"老爸评测"的抖音账号及发布的短视频

1.2.2　互动更便捷

以腾讯旗下的"微视"短视频平台为例。"微视"是一款由腾讯公司推出，基于通信录的跨终端、跨平台的视频通话软件，突破性地实现了 iOS、Android 终端设备之间的视频互通。图 1-15 所示为"微视"App 界面。"微视"作为一款基于通信录的跨终端、跨平台的视频通话软件，开放性表现在用户可通过 QQ、微信及腾讯邮箱账号登录，还可以将拍摄的短视频同步分享到微信好友朋友圈、QQ 空间等。

短视频之所以能火爆荧屏，主要原因在于承载它的平台都是开放式的平台，可以上传、互动、分享，从而在视频上传者与观看者、分享者之间形成了一个完美的闭环。短视频闭环模式如图 1-16 所示。

1. 上传者——上传

短视频平台的智能化使每个人都有机会成为创作者与分享者，从被动接纳的角色转变成为主人公。在这场转变的过程中，作为上传者，无论是企业还是个人都可以在短视频社区或平台上自主地上传短视频文件，供用户在线观看或下载。当然，用户也可以根据自己所需自主选择是否观看或分享讨论。

图 1-15　"微视"App 界面

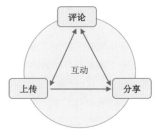

图 1-16　短视频闭环模式示意

2. 观看者——评论

用户可以对看过的短视频发表观点，进行评论，与视频上传者或其他受众进行互动。随着弹幕技术的普及，短视频爱好者可以随时评论短视频，或者与视频上传者或其他网友展开互动。图 1-17 所示为旅拍 Vlog 短视频中的弹幕评论。

图 1-17　Vlog 短视频中的弹幕评论

3. 观看者——分享、收藏

短视频社区或平台的开放性特征，让社交平台脱离"二元"模式，实现"多元"式发展，使自己融入整个中国互联网的生态系统中。短视频社区或平台的开放性决定了其必定是一个合格的营销工具，短视频的上传者只要有好的创意、产品、服务，就能够在这个大舞台上出色地"演出"，促使企业营销生态圈更和谐地发展。

观看者看完视频之后，可以将自己感兴趣的，或者认为对自己有用的信息进行分享，分享到自己的短视频账号，或转发给第三方。某些短视频由于受到粉丝的追捧，往往会被很多人转发。目前，大多数短视频社区或平台的开放路径已经逐渐清晰，基本上都具有分享到 QQ、微信好友、微信朋友圈、新浪微博的功能。图 1-18 所示为不同短视频平台的分享功能。

图 1-18　不同短视频平台的分享功能

人人媒体的时代已经到来，挡都挡不住，这曾经是微博时代的专家对微博的解读。短视频时代一定是有过之而无不及。只要你的信息属实，只要你能够打动人心，你就可以进行传播。企业在做营销的时候，要想让更多的人知道自己，必须在内容上下功夫。只要你的内容能够打动人，人人都会是你的传播者。

1.2.3　信息扩散范围更广

短视频在传播速度上具有其他自媒体共有的特性，但范围更大、更迅速。裂变式传播其实是社交媒体的共性，微博、微信皆如此，一条有价值的信息一经发布就有可能传播开来。到了短视频时代，它的传播力度似乎更大。

短视频为什么会有如此大的传播力？这是由于其内容的观赏性更佳，适用人群更广，老少皆可接受，比起微博、微信更易传播。除此之外，还在于其内部传播模式的不同。传统媒体传播模式是点对面式的传播，而短视频则是点对点、点对面的双重传播模式。每一个短视频都不是单独存在的，而是依托于某个平台，在这个平台上聚集着大量的用户。如果把每个用户看成一个点，短视频平台就是将众多用户连接在一起的面，其中任何两个用户都可以相互关注，这就是所谓的 N 对 N 传播模式。

在实际操作中，还应该把握一些技巧，主要是内容层面的，即发布的短视频本身要具有传播性。让短视频的内容具有传播性的技巧有以下两方面。

1. 善于制造话题

交流的基础是制造话题，话题可以引起共鸣，并促进人们进行更深层次的交流。例如有人发布一条描述产品使用感受的短视频之后，你可以转发，顺便发问"还记得自己第一次使用的感受吗？一起来说说吧！"让别人看了你的短视频之后，无须经过太多思考就可以引起话题。越随意的话题，越接地气的话题越好，因为有时候越随意越能拉近距离。

打造与普通人生活贴近的草根故事，有利于短视频舆论话题引导的有效进行。因为新媒体时代的舆论话题引导已经告别了自上而下的单向传播模式，形成了互动传播，而互动传播的本质即视角的平等。

图 1-19 所示为根据情侣之间的日常生活琐事制作的短视频，诙谐幽默的对话、贴近生活的内容，能够很好地引起观众的共鸣。

图 1-19　贴近日常生活的幽默短视频

2. 善于激发粉丝的情绪

从视频制作到视频平台发布，短视频拉近了受众与发布者的距离，但是面对数以万计的粉丝，应考虑如何才能更好地引起粉丝的共鸣。粉丝不是一个具体的产品或品牌，而是一个有温度、有情绪的"人"，要将粉丝的理性消费转为感性消费，化心动为行动，从而使粉丝支持发布者，产生视频归属感，并转化为点击或购买行为。一般来讲，喜悦、愤怒、焦虑的情绪更容易被传播，多数网络流行语都有这个特征，所以编辑短视频内容的时候要尽量符合这些特征。网红经济正在不断往内容方向偏移，网红们只有不断提供优质内容，才能提升自身流量和持续变现的能力。网红经济呈现出与内容经济相结合的趋势。如今，"产品需求"已不再是影响消费者决策的唯一因素。网红的兴起和发展，影响了一大部分消费者的决策。前期，颜值型和个性奇葩型网红风靡一时，并创造了颇为可观的价值。但随着红人经济的逐渐成熟和内容经济的兴起，纯靠高颜值和惊奇性将难以为继。

2017 年，用户将陕西西安永兴坊的"摔碗酒"视频发布到短视频平台中，此后来喝摔碗酒并录制成视频发布到短视频平台的用户越来越多，已经成为年轻人去西安旅游的打卡项目，如图 1-20 所示。

图 1-20　永兴坊的"摔碗酒"短视频

小贴士： 根据第一财经商业数据中心发布的大数据报告显示，23～28 岁的"职场新人类"是网红电商最主要的消费人群，占到消费总人数的 49%。此外"95 后""00 后"约占消费群总人数的 17%。年轻人紧跟潮流，偏向有趣、好看且独特的审美，而且对网红发布的内容要求越来越高。

1.2.4　人气聚集更快

与其他自媒体不同，短视频有着天然的强曝光度，这是因为短视频展示的内容大多以游戏、真人秀、搞笑为主；同时，用户以年轻的"80 后""90 后""00 后"为主，这些用户能占到 80% 以上。

正是有了这一人群的关注，短视频社区或平台才得以有如此大的影响力和曝光度。那么，为什么说只有这一群体才能带动短视频社区或平台的人气呢？这是这一代人固有的群体特征所决定的，具体表现在以下 4 个方面。

1. 年轻粉丝活跃度更高

从垂直角度来看，由短视频 UGC 社交积累起来的粉丝群体，以"90 后""00 后"最为活跃，并且多是明星粉丝群体。不同类型短视频社区或平台会因直播内容的侧重点不同而吸引不同年龄、性别的用户，使其用户的构成不同。

2. 具有内容专业领域垂直粉丝

短视频与其他传播渠道相比，其内容更多偏向某些专业的垂直领域，如舞蹈、音乐、美妆、美食、精彩生活、时事热点等，各种各样的垂直领域催生了各种各样的粉丝。通过不同主题的直播，满足人们不同的需求。在短视频上，健身、美食、扎头发、手工艺、情感分析、星座、养生等 PGC 内容应有尽有。而且，很多都有专业团队制作，已经进入了一个非常专业化、规范化的运作阶段。

"美拍"短视频平台划分了多种类型的垂直频道，在各频道中只显示该类型的相关短视频内容，方便观众有选择地浏览，如图 1-21 所示。

3. 热爱新鲜事物，富有创造力

垂直类型的特点是深入探寻，平行类型的特点是多样化，而多样化的类型可以满足不同粉丝群体的需要，年龄的分化使粉丝群的兴趣更加广泛，创造力也更加丰富，需要探索出更多的直播模式和创作内容。例如，原本非专业化且让人难以理解的演出方式，经过大众传播后变成了新的搞笑娱乐玩法，可以说互联网节目的形式完全不受传统拘束。

在"微视"短视频平台中专门设置了"挑战赛"频道，在该频道中发布了多种不同类型的挑战活动，吸引不同类型粉丝群体的参与，如图 1-22 所示。

图 1-21　"美拍"中划分了多个垂直频道

图 1-22　"微视"平台中设置的"挑战赛"频道

4. 喜欢社交，乐于分享

社交群体需要一支中坚力量，给社交群体带来活跃性，这个群体非常喜欢社交，乐于分享，无论认识的还是不认识的，无论线上的还是线下的，都会主动去交往。即使是生活中的一个小细节，"90 后""00 后"也乐于与大家分享，如展示自己穿的服饰、戴的装饰、做的美食，以及自己的生活。"90 后""00 后"新一代活得就是这么自由、随性、有个性，他们敢于表达自己的思想，释放自己的情感，也许这正是未来市场的发展趋势。

1.2.5 降低企业管理成本

在互联网时代，时间成本是最昂贵的，金钱成本显得不再那么重要。利用短视频进行营销，大大降低了营销成本，对卖方和买方皆是如此。

对卖方而言，比起传统的广告制作和宣传，短视频的制作成本较低。在电商时代，当有效的市场需求转移到线上后，最贵重的不是资金成本，而是时效，错过了最佳营销时间，即使再努力也没有用处。相较之微博、微信，短视频时代刚刚开启大幕，但在这个瞬息万变的时代，机会都稍纵即逝。微博已经远远地被甩在了后面，微信红利期已过，短视频时代正是企业布局市场的最佳时机。

大多数微视频社区或平台本身就是免费的，平台不收费，基本上不需要什么费用。相对而言，通过短视频开展的营销活动的成本是比较低廉的。

1.3　内容创作的要素

想要创作出优质的短视频内容，首先要知道优质内容包括哪些要素，这样才能优化这些要素，制作出优质作品。

1.3.1　标题吸睛

广告大师奥格威（David Ogilvy）在他的著作《一个广告人的自白》中说过："用户是否会打开你的文案，80%取决于你的标题"。在出版行业，一本书的书名会在很大程度上影响一本书的销量。这一定律在短视频中也同样适用：标题是决定短视频点击率的关键因素。

标题是播放量的源头，它像一个人的名字一样，具有唯一的代表性，是观众快速了解短视频内容并产生记忆与联想的重要途径。

从运营层面来讲，当前阶段，机器算法对图像信息的确有一定的解析能力，但相比于文字，其准确度方面存在局限性。平台在对短视频内容进行推荐分发时，会从标题中提取分类关键词进行分类。接下来短视频的播放量、评论数和用户停留时长等综合因素，则决定了平台是否会继续推荐该条视频。

从用户层面来讲，标题是视频内容最直接的反馈形式，也是吸引用户关注点击的敲门砖，在观看视频前，用户展开看详情、标签、评论的概率远低于标题。短视频为用户解决的是什么问题，或者能给用户什么样的趣味，是创作者在拟定标题的时候需要优先考虑的问题。

图 1-23 所示为简洁直观的短视频标题。

图 1-23　简洁直观的短视频标题

1.3.2　画质清晰

短视频画质的清晰度直接决定了用户观看视频的体验感。模糊的视频会给人留下不好的印象，用户可能在看到的第一秒就会跳过。所以,这种时候,即使视频内容再好,也可能得不到用户的关注。

可以发现,很多受欢迎的短视频画质像电影"大片"一样,画面清晰度高,色彩明亮。这一方面取决于拍摄硬件的选择,另一方面也取决于视频的后期制作。现在很多短视频拍摄和制作软件的功能相当齐全,滤镜、分屏、特效等功能一应俱全,助力大众进行创作。

图 1-24 所示为画质清晰的短视频。

图 1-24　画质清晰的短视频

🖌 **小贴士:**　播放媒介不同对视频的画质和尺寸要求也不同,通常短视频是在手机终端进行播放的,所以如何更好地适应手机屏幕是关键的问题之一。

1.3.3　给用户提供价值或者趣味

用户驻足观看短视频主要有两个原因:一是用户能从中获取有用的内容,二是用户能从视频中获得共鸣。所以,我们制作的短视频要能给用户提供价值或者趣味,二者满足其一即可,而不是让用户看完觉得枯燥无味,不知所云。

图 1-25 所示为搞笑短视频,表现出趣味性。

图 1-25　搞笑短视频

🖌 **小贴士:**　有价值或趣味的短视频还有一个特征:真实,即真实的人物、故事和情感,使视频更贴近生活,更能引起共鸣。

1.3.4　音乐掌控

如果说标题决定了短视频的点击率,那么音乐就决定了短视频的整体基调。

视听是短视频的表达形式,音乐作为"听"的元素,能够增强短视频给用户传递信息的力量。

短视频的音乐在节奏搭配上需要注意两个要素。

（1）在短视频的高潮部分或者关键信息部分，切记要卡住音乐的节奏，一方面突出重点，另一方面让音画更具协调感。

（2）配乐或背景音乐的风格与短视频内容的风格要一致，不要胡乱搭配。例如，搞笑视频配抒情音乐、严肃视频又配搞笑音乐等都是不合适的。

1.3.5　多维度精雕细琢

优质的短视频都是经过多维度精雕细琢的，甚至可能修改了数十次才得以呈现在公众面前。强大的短视频团队都会从编剧、表演、拍摄和后期制作等多方面反复打磨，让视频更好看、更有创意，从而打造出更优质的短视频。

1.4　新媒体内容的创作方法

随着用户个性化的需求得到满足，对内容深度的要求也越来越高，新媒体内容应用已经进入成熟期。新媒体内容细分化趋向明显，正在走向垂直化生产，需要制作者以精益求精的方式形成自己的特色，增强用户的忠诚度与黏性。

1.4.1　运用剪辑手法的低成本创作

通过把握节奏、动静结合，以及配合音乐效果，让该看见的被看见，不该看见的被省略。在动作戏中，打得都流血了，但没有看到一招一式、一脚一拳的那种落点，是因为创作者没有去展示打斗过程。就像绘画，只将重要的部分勾勒出来，不重要的地方依靠想象。最后，通过音乐给予动感和进行铺垫，就可以给观众留下无限的想象空间。

图 1-26 所示为旅拍 Vlog 短视频，将旅行过程中的风景拍摄下来，通过视频剪辑软件进行后期的剪辑处理，配上美妙的背景音乐，即可完成短视频的制作，让观众欣赏到美轮美奂的异域风情。

图 1-26　旅拍 Vlog 短视频

1.4.2 利用大数据进行创作

在很长的一段时间内，人们都在关注如何准确地分析数据。由于用于数据记录、存储分析的工具还不完善，人们只能进行相对简单的少量数据分析。面对利用所有数据还是仅仅采用一部分数据这个问题时，人们只能采用随机采样的技术手段。随着科学技术的进步和大规模存储、超高速运算的发展，使利用和分析全部，或者说接近全部数据成为可能。2011 年以来，大数据这个概念日益成为人们关注的热点。如同新媒体、云计算、物联网、Web 2.0 等技术一样，大数据的内涵是很宽泛的，代表了若干总体趋势的综合。应用的多元化、处理的深度化、媒体的广泛化，是大数据当前发展的总体趋势。

网络短视频创造了"视觉奇观"，如数字动画、数字电影、数字电视、数字绘画、数字图片等。另一些数字艺术类型虽在这方面没有明显的优势，但也创造了不亚于这种情感效果的一种新自由情感——网络情感，这就是基于互联网虚拟互动性所派生出来的自由情感。网络文学、网络游戏、QQ、博客、微博，甚至一切基于互联网运行的艺术都能诱发这种情感，正是互联网提供了这种崭新的互动性。国际数据公司的研究表明，全球的企业数据正以 55% 的速度逐年增长。甚至有观点认为，如今只需两天就能创造出自文明诞生以来到 2003 年所产生的所有数据总量。《传媒梦工场观察》曾对未来的传媒格局进行过预测，认为没有大数据就免谈大媒体，未来的大媒体集团必然是拥有强大数据库支撑的平台型公司，而这样的平台型媒体公司在中国不会超过 10 家。它们可能来自互联网公司、传统媒体公司，也有可能是从移动互联浪潮中成长起来的新公司。

在碎片化时间里，随着微博、微信等新媒体介质的多元化发展，多元媒体消费趋势越来越明显，甚至会催生一种网络焦虑。因此，只有在对大数据挖掘的基础上做到对品牌和消费者的充分洞察，才能更好地实现对目标群体的精准覆盖，获得最有效的整合营销效果。目前，"大数据"的概念及其价值更多地被 IT 业和企业营销领域所关注，但事实上，传媒业也将成为受到大数据时代冲击的主要行业之一。当数据成为新闻生产的核心资源时，与数据有关的统计、分析与挖掘技术，也就成为了新闻生产新思维的支持工具。

1.4.3 创作有"灵魂"的"病毒"视频

这里的"病毒"并非指医学上的病毒，也不是计算机上的病毒，而是指一种在新媒体上，因吸引力惊人而像病毒一样被迅速传播和转发的微视频。

在市场经济不断完善的当代中国，资本的力量不容小觑。"经济基础决定上层建筑"，这一最基本的马克思主义观点，正好验证了在资本主义浪潮席卷的市场经济下，艺术生产的最基本的规律。从短视频的母体（电影）开始，资本对艺术的影响已经变得不容忽视。电影投资动辄几百万元、几千万元，甚至数亿元。电影生产已经成为文化产业，所以，电影与生俱来就贴上了资本与商业的标签。同样，讨论短视频就必须顾及短视频的市场价值，忽视短视频自身所具有的巨大商业潜力就不能很好地审视短视频的整体。

短视频采用了电影的拍摄手法和技巧，增加了广告信息故事性的营销方式，动辄就有几千万、上亿人次的点击量。短视频用小成本投资换回大点击量的特点，使其成为广告主新的投资对象。在传统广告的费用结构中，媒介使用费用所占的比例高达 60% ~ 80%。而短视频作为广告载体，可以大大节约媒介使用费和推广成本。短视频为广告商提供了一种新的营销方式，广告商也为短视频的产生与生存提供了雄厚的资本支持。

如果要想成为"病毒"并形成快速扩散的趋势，网络短视频需要以优质内容作为基础。现在网络上大量的"病毒"视频，用低俗和恶搞来打造内容的趣味性和猎奇性，虽然博取了一些眼球，但降低了服务产品的"美感"。况且现在打开网页，满眼尽是"三俗"内容，网友早已审"美"疲劳，因此这种形式的"病毒"内容，传播性不断降低是预料之中的。

传播故事，更要传播讲故事的目的。现在的营销者在进行"病毒"营销时有一个误区，认为只要"病毒"火了，就代表成功了；其实不然，这样的网络短视频"病毒"实际上是没有营销意义的。现在很多品牌做的网络短视频，花大价钱请了一线明星出演，可剧情中除了生硬地将一些产品露出外，很难看出产品的优势或品牌的内涵。整段视频看下来，就好像仅仅听了一个有意思的睡前故事。这样的"病毒"传播效果虽然尚可，但并没有让受众记住你的品牌，未能真正做到把舆论转化成产品的传播诉求。

网络短视频内容创作的成果属于"文化产品"与"艺术作品"，这种双重属性造就了它"传播"与"表现"的双重功能。作为文化产品，短视频要系统准确地传播特定知识单元的文化信息，构建接受者的知识与能力系统；作为艺术作品，它要表现个性化的审美体验，在沟通与互动中影响接受者的情感与意志系统。

一个企业的网络短视频，要考虑与视频的受众和产品消费群体的"对口"，即对这款产品的消费群体做具体的定位。营销者在对产品进行宣传时，也应该考虑到使视频"病毒"的受众与产品定位的消费群体达到高度一致，以保证最大可能地引导受众产生实际消费行为。突出描述产品定位的消费群体，就可以使该视频的传播诉求更直接地到达终端消费者，把产品优势直接告诉他们，进而使他们产生消费心理的积极变化，促成消费行为和口碑建立，达到实际的营销效果。我们在制作一个视频"病毒"时，不仅要造成高数据传播量，还要通过舆论表现出品牌和产品的核心竞争力。单单具备传播效力的视频"病毒"，只是一个没有营销灵魂的空壳子而已。

1.5 新媒体内容的叙事技巧

作为新媒体时代全新内容表现形式的短视频，一方面与电影在艺术技法、拍摄技巧、整体构思、剪辑手段等方面有着同构性，另一方面还具有独特的美学内涵、艺术特征和叙事结构。本节将向大家介绍新媒体内容的相关叙事技巧。

1.5.1 一镜到底叙事

短视频最简单的制作方式是一镜到底（大多数短视频都是一镜到底拍摄），多采取现场原声，有些也加上音乐、花字进行修饰。一镜到底的拍摄可以产生纪实感受，能带领观众进行真实的、身临其境的视觉体验。视频制作者可以直接出镜演出，给受众带来网络直播的观看感受，有助于视频制作者走上红人的道路。红人是一种快速消费的大众流行文化，如发布"蓝瘦香菇"的作者只是发了一段自己"难受想哭"的自拍镜头，瞬间就火了起来，使得"蓝瘦香菇"成为一时的网络流行语。

由于时间短，短视频的一个镜头甚至可以不需要进行镜头内部蒙太奇的手法就可以完成。受众的关注点并不在镜头技巧，而是在于画面内容，不要求有大量的信息，只要出现一个有趣的关注点，就可以传播、推广该视频。

> 小贴士： 一镜到底的短视频还有一个好处，就是可以应用在其他视频制作中。因为其内容最有价值的部分只是一个几秒钟的画面，所以可以当作素材、表情包被广泛使用。

1.5.2 社交美化叙事

和观看长视频不同，受众在观看短视频时，往往伴随社交分享的需求。短视频开始火爆的第一年，被认为是 4G 网络在中国正式应用的 2014 年。人们在社交过程中用视频交流代替了原本的短信、图片，人们认为制作和观看短视频是一种流行现象，所以很快就参与到制作和传播短视频的过程中，短视频开始伴随社交平台成长起来。最初，短视频搭载社交网站成长，今天，建立了专门的短视频平台，人们将传播短视频变成了专门的社交手段，并且依靠短视频的传播积累视频点击和评论人气也成就了一批网络主播。

为社交分享目的所制作的短视频，要求完成创作者特定的传播目的，因此需要对视频画面和内容进行一定程度的美化。现在的短视频拍摄软件已经可以直接拍摄出滤镜美化效果，使得普通人也能在镜头下变得美丽起来。而美化不仅指美化主播的脸，更重要的是对传播内容美化，需要运用一定的创作技巧，包括拍摄技巧、镜头设计、情节设计、文字设计等方面，要求制作者具备一定的创作能力。考虑到社交的需要，将社交诉求加入短视频，注重互动，主播还会加入"求关注""求打赏"等词语。

1.5.3　应用解说词叙事

短视频的核心是传递信息，将最精炼、最有效的信息传递出去。所以，在这个意义上，很多长视频都可以被改编为短视频重新上线，获得不同的传播效果。长视频适合受众在完整的闲暇时间观看，可以投入更多的情感，获得审美、娱乐享受；而短视频只是将信息传达给受众，并且告诉受众需要对此信息反馈什么样的情感。相对于长视频而言，短视频的信息表达更为直接浅显，但是能在一定程度上完成传播者的意图，达到良好的传播效果。

对从长视频转为短视频的作品而言，关键在于长视频核心信息的提取。可以保留长视频中最精彩的关键段落，对于整体的叙事则可用解说词贯穿视频，再加上精彩画面和场景即可。也就是说，长视频的精彩之处需要受众自行体会，而且会因为受众的个体差异存在不同的传播效果。但是短视频则不同，它几乎是直接告诉受众，这个视频的传播效果应该是什么。所以，受众能够接收到传播者的意图，只是损失了一定程度的审美愉悦感受。

例如，用几分钟时间介绍一部电影，这类短视频现在比较流行，"谷阿莫说电影"是将一部电影剪辑为几分钟的内容，可以理解为电影速读，看过之后就可以节省看电影的时间，非常适合资讯爆炸年代受众快速获得信息的需求。图 1-27 所示是"谷阿莫"在抖音平台的相关电影解说短视频。

图 1-27　"谷阿莫"在抖音平台的相关电影解说短视频

1.5.4　反转与戏剧性叙事

由于时间限制，使得短视频叙事过程中经常减少前期铺垫。为尽快取得受众关注，短视频开场很快就进入戏剧高潮，并在高潮结束时结束整个视频。网络时代受众注意力极易被分散，对短视频而言多一秒都是浪费，都有可能流失受众。所以，短视频的戏剧性主要依靠反转来完成。因此，短视频会在开始时塑造人物形象，讲述人物故事，在高潮到结局之间的剧情设计，并不都是矛盾解决，更可能是情节的反转。

短视频的生产是为了博人眼球，所以短视频内容并不一定需要合理性，也可以导向出人意料的结果。受众有时能接受这种不合理的转折，并将这个不合理当作一种流行文化，在一段时间内传播开来。

短视频前期不需要精心地隐藏线索，只要把不合理的事物联系在一起，能够产生戏剧性效果就可以了。图 1-28 所示的短视频设计了简单的情景剧情，结合绿头怪的造型装扮，配合相应的歌曲，使观众能够很快被吸引。

图 1-28　绿头怪搞笑短视频

1.5.5　精良叙事

短视频最初在网络上发展起来的时候，多数是 UGC 生产方式，由互联网普通用户自发地制作和传播。这样的短视频专业性不足，画面粗糙、音响嘈杂，影响传播效果。随着影视制作专业人士加入短视频创作队伍，将短视频创意进行营销，由此产生了一批有影响力的短视频作品。

例如，"日食记"画面精美，将人生感悟蕴涵到做饭中，虽然作者不出镜，但是也有卖萌猫作为形象担当。国人本就喜欢美食，"日食记"将制作美食做成不疾不徐、顺序叙事的短视频，依靠精良的内容制作取胜，甚至掀起了一阵专门拍摄做饭的短视频潮流，如图 1-29 所示。

网络媒体制作新闻资讯节目多采用短视频的形式。短视频节目具有片头片尾、节目标识、节目定位等，承载大量信息，制作专业化程度可以与电视媒体相媲美；但是短平快的传播方式又适合移动收视，所以网络媒体传播偏好短新闻形式。

越来越多的人选择用手机观看视频，可以随时随地观看视频，可以走着看，可以坐车看，可以在工作间隙看。受众利用碎片化的时间观看视频，而碎片化的时间给了短视频极大的发展空间。如今，很多主流媒体都意识到短视频的传播威力，纷纷制作短视频进行传播，传播手段更加贴近受众心理，取得了良好的传播效果。

图 1-30 所示为主流官方媒体在短视频平台创建的账号，传播新闻事件与正能量。

图 1-29　"日食记"美食短视频

图 1-30　主流官方媒体在短视频平台开设账号

小贴士：　对短视频创作者而言，未来短视频领域的竞争会更加激烈，但是制作短视频所需要应用的视听语言，是一门重要的语言科学，需要认真思索、学习和提高。

1.6　新媒体内容创作的趋势

网络短视频生态系统如果要健康快速地发展壮大，则需要所有的工作都要以视频内容为核心。提供优质的视频内容是网络短视频生态产业链中各环节生存的必要条件，而短视频内容的多样性也是摆脱同质化的关键。

1.6.1　原创视频

开发原创视频，打造 UGC 新热潮，这与宽带技术的成熟、端口移动化、原创版权保护制度有着密切关系。原创 UGC 视频的优点在于，版权成本低，有大众的参与性、社交性，大多为短视频，适合在移动终端观看。UGC 视频以提倡个性化为主要特点，把用户使用互联网的方式由原先的以下载为主转变成以上传为主,鼓励网络用户积极地参与视频创作,使用户不再仅仅是观众,而是互联网中视频内容的生产者和供应者。

采用 UGC 模式,可以满足网络用户想要创作自己的视频产品的需求。这类 UGC 视频由于来源于网络用户,因此更能吸引其他用户观看。短视频平台也鼓励精品 UGC 视频的出现,扶持有大批忠实粉丝的草根红人及原创作者从 UGC 走向 PGC 的生产之路。

图 1-31 所示为"一禅小和尚"所制作的原创短视频,通过憨态可掬的卡通小和尚的形象,在每一个短视频作品中讲述一个易懂的小哲理,非常可爱又富有创意。

图 1-31　"一禅小和尚"的原创短视频

1.6.2　内容差异化

随着计算机技术的发展和互联网络的应用水平不断提高,人们面临着一个信息大爆炸的时代,获取信息已经是一件非常容易的事情,因此人们的注意力已经开始向获取更专业、更精准的信息方面转移了。在现今这个时代,单纯依靠模仿其他短视频内容是不会有发展前景的。

"内容为王""娱乐至上"等业界共识,引领着网络短视频的内容朝着差异化的方向发展。以往的版权分销的方式,虽然减少了成本,但也使用户分流,企业同质化,用户对平台没有黏性。只有内容和功能才能形成短视频平台的独特性和品牌独立性。

"叮叮冷知识"专注于知识分享,如图 1-32 所示。通过简单的卡通形象配合相应的视频、图片或表情包向观众讲解冷知识,幽默风趣的解说配合搞笑的视频内容,这种讲解方式比传统的长篇大论更容易被观众接受。

图 1-32　"叮叮冷知识"的原创短视频

1.6.3 定制化服务

定制化服务是指按照消费者自身的要求，为他们提供适合其需求的，同时也是消费者满意的服务。定制化服务是一种较高层次的劳动，需要"劳动者"有更高的素质，更丰富的专业知识，更积极的工作态度。因此，定制化服务比其他有形的生产和无形的服务能产生更大的价值。

定制化视频是消费者主导时代的一大特色。视频企业由原来的内容平台方与内容采买方变为内容制作方，为不同年龄、兴趣、欣赏喜好的人群量身定制视频内容，通过自制内容建设内容差异化平台，改变视频行业的竞争格局，得到广告商的认可。

1.6.4 社交化视频

社交与视频的深入融合成为大势所趋。通过社交来增进用户的视频分享体验，衍生出节目线上线下的互动，可以使观众左右节目的发展。

当在线视频成了互联网第一大应用之后，接踵而来的各种想象空间不断涌现，而当下最火爆的"社交"自然也开始和视频谋求着各种"交集"。现在无论国外还是国内的互联网用户，都已经将大部分时间花在社交网站上。他们在社交网站上交友、玩游戏、看新闻、观看和分享视频。传统媒体、电子商务和视频网站等许多行业都认识到，未来需要和社交网站深度融合才能更好地生存。对在线视频平台而言，流量无疑就是其"血液"，因为只有流量才能让众多的视频内容变现，而社交所带来的巨大流量无疑让视频网站"窥视"。

视频社交化能够满足视频平台的流量需求和社交网站的用户黏性需求，并且视频社交化为视频网站带来的另一个"好处"，则在于真正挖掘了短视频的价值。

1.7 本章小结

短视频是新媒体时代最具有发展前景的传播媒介，从短视频及其平台发展传播的趋势分析，甚至可能会取代其他传播媒介及长视频。短视频比传统的传播媒介表现方式具有更多样化，更富个性的特点。通过本章的学习，要能够理解短视频这种全新的新媒体表现形式，以及有关短视频内容创作的相关知识。

第2章 内容创作流程

随着用户个性化的需求得到满足，用户对内容深度的要求越来越高。短视频的内容应用已经进入成熟期，短视频内容的细分化趋向明显，已经以精益求精的方式形成了自己的特色内容。本章主要介绍有关短视频内容创作流程的相关内容，包括创作思路分析、内容脚本策划、内容核心创意、短视频的创意类型、不同类型短视频的内容策划以及设备选择等，使读者理解并能够掌握短视频内容创作的流程。

2.1 创作思路分析

虽然新媒体内容的制作流程与传统媒体的制作流程相对简化了很多，但是既然要输出优质的新媒体内容，还是要遵循相对清晰的流程。

2.1.1 了解短视频团队

随着短视频的火爆，逐渐诞生了很多专业的短视频创作团队，短视频团队创作的短视频与个人创作的短视频相比更加专业。要想拍摄出火爆的短视频作品，制作团队的组建不容忽视。那么，一个专业的短视频团队都需要哪些成员呢？

1. 编导

在短视频制作团队中，编导是"最高指挥官"，相当于节目的导演，主要对短视频的主题风格、内容方向及短视频内容的策划和脚本负责，按照短视频定位及风格确定拍摄计划，协调各方面的人员，以保证工作进程。另外，在拍摄的剪辑环节也需要编导的参与，所以这个角色非常重要。编导的工作主要包括短视频策划、脚本创作、现场拍摄、后期剪辑、短视频包装（片头、片尾的设计）等。

2. 摄影师

一个优秀的摄影师能够通过镜头完成编导规划的拍摄任务，并给剪辑留下非常好的原始素材，节约大量的制作成本，并完美地达到拍摄的目的。优秀的摄影师是短视频成功的保障，因为短视频的表现力及意境都是通过镜头语言来表现的。基于此，摄影师需要了解镜头脚本语言，精通拍摄技术，对视频剪辑工作也要有一定的了解。

3. 剪辑师

剪辑是声像素材的分解重组工作，也是对摄影素材的一次再创作。将素材变为作品的过程，实际上是一个精心的再创作过程。

剪辑师是短视频后期制作中不可或缺的重要职位。一般情况下，在短视频拍摄完成之后，剪辑师需要对拍摄的素材进行选择与组合，舍弃一些不必要的素材，保留精华部分，并利用视频剪辑软件对短视频进行配音及特效制作工作，其根本目的是要更加准确地突出短视频的主题，保证短视频结构严谨、风格鲜明。对短视频创作来说，后期制作犹如"点睛之笔"，可以将杂乱无章的片段进行有机组合，形成一个完整的作品，这些工作都需要剪辑师来完成。

4. 短视频运营人员

虽然精彩的内容是短视频得到广泛传播的基本要求，但是短视频的传播也离不开运营人员对短视频的网络推广。移动互联网时代，由于平台众多，传播渠道多元化，如果没有一个优秀的运营人员，无论多么精彩的内容，恐怕都会淹没在茫茫的信息大潮中。因此，运营人员的工作直接关系到短视频能否被人们注意，进而进入商业变现的流程。

运营人员的主要工作包含以下几个方面。

（1）内容管理，为短视频提供导向性意见。

（2）用户管理，负责用户反馈、策划用户活动、筹建用户社群等。

（3）渠道管理，掌握各种渠道的推广动向，积极参与各种活动。

（4）数据管理，分析单渠道播放量、评论数、收藏数、转发数背后的意义。

5. 演员

拍摄短视频所选的演员一般都是非专业的。在这种情况下，一定要根据短视频的主题慎重选择，演员和角色的定位要一致。不同类型的短视频对演员的要求是不同的。例如，脱口秀类短视频倾向于一些表情比较夸张，可以惟妙惟肖地诠释台词的演员；故事叙事类短视频倾向于演员的肢体语言表现力及演技；美食类短视频对演员传递食物吸引力的能力有较高的要求；生活技巧类、科技数码类及电影混剪类短视频等对演员没有太多演技上的要求。

2.1.2　项目定位

短视频定位的目的就是让创作者有一个清晰的目标，并且一直朝着正确的方向努力，减少试错的成本。

需要注意的是，创作的内容要对用户有价值，要根据用户的需求创作相应的内容，比如你的客户是高端一点的人群，就要创作出专业的内容。同时内容的选题也要贴近生活，接地气的内容更能让用户有亲和感。

> 小贴士：　短视频应该具有明确的主题感受，需要传达出短视频内容的主旨。在短视频创作的初期，大多数人是摸不清如何明确主题的，可以参考很多优秀的案例，多参考、收集，再发散思维。

2.1.3　剧本编写

初期，我们非专业出身的人不一定能写出很专业的剧本，但也不能盲目地拍。无论是室内拍摄还是室外拍摄，都必须在纸上、手机上或是计算机上有个清晰的框架，想清楚视频要表达什么样的主题，在哪里拍，需要配合哪些方面，然后再谈剧情。

一般都会寻找一个线索点，然后串成一条故事线，这样才能有效地讲故事。当然，这不是唯一的方式。但是短视频的时长较短，在短暂的展示时间内没有多少机会会讲很酷炫的故事，只有线性的讲述才能让观众减少理解的压力。如此一来，也难免让人觉得乏味。可以通过一些后期手段来弥补，使故事更完整、清晰，结构更完整紧密。

2.1.4　前期拍摄

在短视频拍摄的过程中，要防止出现画面混乱、拍摄对象不突出等现象。成功的构图应该是作品主体突出、主次分明、画面简洁明晰，让人有赏心悦目之感。

如何才能有效防止出现短视频拍摄画面抖动的问题呢？有以下两点建议。

1. 借助防抖器材

例如，三脚架、独脚架、防抖稳定器等。现在网上有很多防抖器材，适用于手机、摄像机，可以根据所使用的短视频拍摄器材配备。

2. 注意拍摄的动作和姿势，避免大幅动作

拍摄移动视频时，上身动作要少，下身小碎步移动；走路时上身不动下身动；镜头需要旋转时，要以整个上身为轴心，尽量不要移动手关节来拍摄。

在拍摄时要注意画面要有一定的变化，不要一个焦距、一个姿势拍全程，要通过推镜头、拉镜头、跟镜头、横向运动的摇镜头等来使画面富有变化。例如定点人物拍摄时，要注意通过推镜头来进行全景、中景、近景、特写来实现画面的切换，否则画面会显得很乏味。

2.1.5　后期制作

先要进行素材整理，视频素材的整理工作是非常有必要的。把视频资源有效地进行分类，这样找起来效率会很高，思路也会很清晰。在剪视频之前，主题、风格、背景音乐、大体的画面衔接过程，都需要在正式剪辑前进行构思，也就是说，要在脑子里形成视频最终的样子，这样剪辑才会更加得心应手。

视频剪辑时要注意按自己的创作主题、思路和脚本进行制作，剪辑过程中可加入转场特技、蒙太奇、多画面、画中画效果和进行画面调色等，但需注意特效不要过度，合理的特效是炫酷，但过多会给人眼花缭乱的感觉。

纯动画形式的短视频在制作的过程中一定要注意动态元素的自然流畅，遵循真实规律。

（1）遵循真实就是遵循物体本身的真实运动规律。通过表现物体运动的节奏快慢和曲线，使之更接近真实，不同的情绪有不同的节奏。

（2）自然流畅就是强化动画设计中的运动弧线，使动作更加自然流畅。自然界的运动都遵循弧线运动的规则。

2.1.6　发布与运营

短视频在制作完成之后，就要进行发布。在发布阶段，创作者要做的工作主要包括选择合适的发布渠道、渠道短视频数据监控和渠道发布优化。只有做好这些工作，短视频才能够在最短的时间内打入新媒体营销市场，迅速地吸引粉丝，进而获得知名度。

短视频的运营工作同样非常重要，良好的运营可以使粉丝时刻保持新鲜感，下面介绍几个短视频运营的小技巧。

1. 固定时间更新

要尽量稳定自己的更新频率。固定更新时间，不仅是要让自己的账号活跃度更好，也是要培养用户的阅读习惯，从而有效地促进用户的留存度与黏性。在发布时间上可以参考各个平台的用户活跃的时间段，应在用户活跃度较高的时间段发布视频。另外，要根据第三方的数据平台，比如微找、热浪，来监控视频发布后分钟级的数据趋势，进一步了解某个视频分钟级的点赞、评论及转发的互动数据增量情况，通过相同时间差值变化的趋势总值和增量图，掌握视频热度走向，便于找到最佳的发布时间。

2. 多与粉丝互动

粉丝可以说是自媒体人的"衣食父母"，如果没有粉丝的流量，自媒体人就很难火起来。所以，

短视频内容发表之后要记得去互动，很多运营者发表短视频之后就什么也不管了，这样会白白浪费一批粉丝。所以，为了更好地留住粉丝，是需要提高与用户之间的黏度。

3. 多发布热点内容

短视频内容也是可以蹭热点的，但需要注意热点的安全性，不要侵权，不要输出地址内容。要按照平台要求去追热点，总的来说就是控制内容质量。

2.2　内容脚本策划

脚本相当于短视频内容的主线，用于表现故事脉络的整体方向。要想创作出别具一格的短视频作品，短视频脚本的策划不容忽视。本节将向读者介绍内容脚本的构成要素，以及短视频脚本的三种形式，分别是拍摄提纲、文学脚本和分镜头脚本。

2.2.1　脚本构成要素

脚本的构成主要包含 8 个要素，即框架搭建、主题定位、人物设定、场景设定、故事线索、影调运用、音乐运用和镜头运用。表 2-1 所示为短视频脚本构成要素的简单介绍。

表 2-1　短视频脚本构成要素的简介

构 成 要 素	简 单 介 绍
框架搭建	在脑海里搭建短视频框架，如拍摄主题、故事线索、人物关系、场景选址等
主题定位	短视频想要表达的中心思想和主题
人物设定	短视频中需要设置的人物数量，每个人物分别需要表达哪方面的内容
场景设定	短视频在哪里拍摄，室内、室外、摄影棚，还是绿幕抠像
故事线索	剧情如何发展，利用什么样的叙述方式来调动观众的情绪
影调运用	根据短视频的主题情绪，配合相应的影调，如悲剧、喜剧、怀念、搞笑等
音乐运用	根据短视频的主题来选择恰当的音乐，渲染短视频剧情
镜头运用	使用什么样的镜头进行短视频内容的拍摄

2.2.2　脚本的三种形式

1. 拍摄提纲

拍摄提纲就是为短视频搭建的基本框架。在拍摄短视频之前，需要将拍摄的内容罗列出来。选择拍摄提纲这种脚本策划形式，大多是因为拍摄内容存在不确定的因素，这种策划形式比较适合街采类、纪录类和故事类短视频的拍摄。

2. 文学脚本

文学脚本在拍摄提纲的基础上增添了一些细节内容，使脚本更加丰富、完善。它将短视频拍摄过程中的可控因素罗列出来，而将不可控因素放置到现场拍摄中随机应变。所以，在视觉和效率上都有所提升，适合一些不存在剧情、直接展现画面和表演的短视频的拍摄。

3. 分镜头脚本

分镜头脚本最细致，可以将短视频中的每个画面都体现出来，对镜头的要求会逐一写出来，创作起来最耗费时间和精力，也最为复杂。

分镜头脚本对短视频的画面要求很高，更适合类似微电影形式的短视频。由于这种类型的短视频故事性强，对更新周期没有严格限制，创作者有大量的时间和精力去策划。使用分镜头脚本既能符合严格的拍摄要求，又能够提高拍摄画面的质量。

分镜头脚本的创作必须充分体现短视频故事所要表达内容的真实意图，还要简单易懂，因为它是在拍摄与后期制作过程中起着指导性作用的一个总纲领。此外，分镜头脚本还必须清楚地表明对话和音效，这样才能让后期制作完美地表达原剧本的真实意图。

2.2.3　按照大纲安排素材

短视频大纲属于短视频策划中的工作文案。创作者在撰写短视频大纲时需要注意两点：一是大纲要呈现出主题、故事情节、人物与题材等短视频要素，二是大纲要清晰地展现出短视频所要传达的信息。

主题是短视频大纲中必须包含的基本要素。主题是短视频要表达的中心思想，即"想要向观众传递什么信息"。每个短视频都有主题，而素材是支撑主题的支柱。只有具备了支柱，主题才能够撑起来，短视频才能更具有说服力。

故事情节包括故事和情节两部分，故事要通过叙事的要素进行描述，包括时间、地点、人物、起因、经过、结果，而情节用来描述短视频中人物所经历的波折。故事情节是短视频拍摄的主要部分，素材收集也要为该部分服务，道具、人物造型、背景、风格、音乐等都需要视情节而定。

短视频大纲还包括对短视频题材的阐述，不同题材的作品有着不同的创作方法和表现形式。例如对于科技类短视频来说，数码类产品本身具有复杂性，更新速度较快，虽然能够给我们带来源源不断的各种素材，也能够保持观众的持续关注，但拍摄这类短视频时，一定要注意严格把控素材的时效性。这就需要创作者获得第一手的素材，快速进行处理与制作，然后进行传播。

2.3　内容核心创意

短视频的内容要让别人喜欢，其中主要原因是短视频的内容要有创意，别人看了你的短视频就想继续看下去。创意是来自各个方面的信息，它通过创作者的加工，会使展示内容的过程更加附有冲击力。

2.3.1　什么是创意

"短视频"的受众具有无限宽广性，凡是有条件接触影视、电视传统媒体或手机、网络等新媒体的人都能成为"短视频"的享受者。所以，在这个人人都能参与的"草根秀"时代，低门槛的"短视频"把电影这种"高雅"艺术平民化，实现了影视艺术的真正互动。"记录美好生活"——当抖音喊出这句响亮的口号时，短视频也随之将生活中的创意通过视频带入千家万户。

"僵小鱼"在抖音平台拥有一千多万粉丝，其独创的卡通小僵尸形象非常可爱，深受年轻粉丝的欢迎，在其发布的短视频中，将虚拟的卡通小僵尸形象与真人表演相结合，非常富有创意，从而快速吸引了大量粉丝的关注，如图 2-1 所示。

图 2-1　"僵小鱼"的抖音账号及发布的短视频

如同诗人需要"灵感"一样，网络短视频非常需要"创意"。但创意从何而来？要准确地回答这个问题，就像回答诗人的灵感从何而来一样。在某一特定环境下，人们以知识、经验、判断为基点，通过亲身的感受和直观的体验而闪现出的智慧之光，可以很全面地揭示事物或问题的本质，让人有一种假设性的觉察和敏感，这就是通常所说的灵感。灵感实际上是因思想集中、情绪高涨而突发表现出来的一种创造能力，即创意。

小贴士：　创意并不像有些人说的那么神秘，是有一定规律可循的，也有其理论原理，并且有许许多多的方法。这些方法并不神秘，它们是人类智慧的结晶，其精巧奇妙令人感叹。创意方法不仅需要从书本上学习，更需要从实践中积累和领悟。

2.3.2　创意产生的基础

从表面上看，创意似乎总是在违背一定的规律。但从根源上说，创意一定是符合某种规律的。它是在原规律基础上融合非规律的一种创新理念，并能满足一种审美需求。创意产生的基础是智力的积累，即人脑能量的储备和个体用脑素质的问题。人脑能量的储备主要是对各种材料的积累，包括专业技术、文学艺术、社会实践及其他各种新知识的吸纳等。个体用脑素质其实就是一个智商的问题，即灵活用脑的程度，包括智力开发、思维方法、创新精神等，但这些都与知识与实践的积累以及开发型的思维密不可分。墨守成规的人是不可能有什么创意的。

2.3.3　创意与创作的关系

创意是一种灵感、构想、意象；创作是一种创造过程，以体验、表现、物化形成一系列艺术创造活动。网络短视频内容的生成是创意与创作互动合作的结果。创意在前，创作继之，部分重合。

创意一般包含以下 4 个要素。

（1）创意形成的前提：动机、目的。

（2）创意形成的基础：知识积累。

（3）创意方法的过程：选择性、可变性。

（4）创意实现的关键：联想、假设。

创意思维包括感性化创意、主题化创意、本位形象创意、附加形象创意、主体换位创意、情景演示创意、观念创意及时机捕捉创意。

2.4 短视频的创意类型

在进行短视频的创意、创作过程中，要注意受众的心理需求。只有满足受众心理需求的短视频作品，才能称得上是好的短视频。受众的心理需求主要有以下几种。

2.4.1 好奇心理

在这个信息大爆炸的时代，一个人要敢于承认自己的不足，对于自己投身的领域，更要保持足够的好奇心，如牛顿能够从苹果落地发现万有引力定律，就是因为他那份对科学的好奇心。心理学家和教育学家要对人的差异有足够的好奇心，文学家要对人的内心的隐秘有足够的好奇心，经济学家要对消费现象有足够的好奇心。足够的敏感、好奇和追根究底恰恰是科学和艺术发展的关键性动力。

人们进行网络短视频内容的创作更离不开强烈的好奇心，好奇心可以引导人类走向成功，创造一个个前所未有的奇迹。

"好奇博士的实验室"所发布的短视频内容总是关注一些特别奇怪的问题和冷知识，配合夸张的漫画表现风格，让人觉得既好笑又特别想了解这些奇怪的冷知识，从而快速抓住观众的好奇心理。如图 2-2 所示。

图 2-2　"好奇博士的实验室"的抖音账号及发布的短视频

2.4.2 求知心理

求知欲是人的一种内在的精神需要。人在生活、学习和工作中遇到新的问题或者接受了新的任务后，有时会感到自己缺乏处理这些事情的相关知识，就会产生探究新知识或扩大、加深已有知识的认识倾向。这种情境多次反复，认识倾向就逐渐转化为个体内在的强烈的认知欲望，这就是求知欲。

求知欲强的人会积极地追求知识，热情地探索知识，以满足精神上的需要。可见，求知欲虽与好奇心同属对事物的探究倾向，但两者不尽相同。一般的好奇心表现为人追求认识事物的短暂的探索行为，而求知欲则是一种比较稳定的认知欲望、认知需求，表现为人坚持不懈地探求知识的活动。保持求知心理，会在创作网络短视频内容时，不断扩大自己的认知范围，提高自己的创作水平。

例如，在短视频平台有许多关于职场生存发展的短视频，如图 2-3 所示，这种内容的短视频之所以大热，就在于其满足了人们对职场潜规则的求知心理。

图 2-3　有关职场生存发展的短视频

2.4.3　获利心理

追名逐利几乎可以说是人的本能。有时，这种本能会反映在人们贪图便宜的冲动中。例如，商家为了促销商品而开展的"一元家电"活动，很容易激发消费者的参与热情，其成功之处就在于利用巨大的价格差异迎合了消费者内在的获利心理。

2.4.4　趋同心理

趋同心理是指追随大众的想法及行为，缺乏自己的个性和主见的投资心态，也称为"群居本能"，如股市上常见的投资者莫名其妙地随波逐流、追涨杀跌的心理特征。

趋同心理或群居本能是缺乏个性导致的思维或行为方式，在经济过热、市场充满泡沫时表现得更加突出。理性地利用和引导受众的趋同心理，可以创建区域品牌，并形成规模效应，从而获得利大于弊的效果。当然，对于个人来说，跟在别人身后亦步亦趋难免被吃掉或被淘汰。最重要的是要有自己的创意，不走寻常路才能让你脱颖而出。不管是加入一个组织还是自主创业，保持创新意识和独立思考的能力，都是至关重要的。

2.4.5　逆反心理

逆反心理是指客观环境要求与主体需要不相符合时，所产生的一种强烈的反抗心态。逆反心理主要有两种表现。

一种是一般社会成员反抗权威、反抗现实的心理倾向，如"唯上是反""唯制度是反""唯先进是反"等。作为一种社会心理现象，它具有鲜明的针对性、反抗性、偏激性、自发性、盲从性等特点。另一种逆反心理是青少年成长过程中为追求自我独立，对父母或师长表现出来的反抗心态。消除青少年逆反心理的关键在于教育者的正确对待和教育机制。在进行短视频的创意过程中，要针对这两种不同的逆反心理进行不同创作，才能有更好的效果。

进行短视频创意时也要注意社会热点，关注其中的闪光点。在网络日益快餐化和碎片化的今天，短视频必将成为"90 后""00 后"喜闻乐见的新型文化形态，而赢得以"90 后""00 后"消费者为主体的新一代网络居民的关注，是短视频创意的关键之一。

短视频与电影具有同构性，就艺术表现力、故事情节完整性、表现手法、剪辑技巧、视听语言来说，都是相同的。不同之处在于时间的长短。短视频的时间较一般电影短了很多，一般都在几十秒到几分钟之间。由于短视频的时间限制，短视频虽注重情节的完整性，但相对于传统电影来说，只是突出的重点不同。传统电影在于情节的流动上，需要一个平衡，所有的故事情节都需要介绍清楚；而短视频限于时间的规定，只能将很大一部分时间放在高潮部分，而不能面面俱到。短视频虽有完整的故事情节，但对高潮部分更加凸显，其他部分都通过暗示进行讲述，结尾常常是开放性的。

"陈翔六点半"开创了全网第一创意爆笑迷你剧，每个短视频只使用几分钟讲述一个情景剧，通过诙谐幽默的语言、夸张的表演、亲民的故事题材，获得了众多粉丝的关注和喜爱。图 2-4 所示为"陈翔六点半"的抖音账号及发布的短视频。

图 2-4 "陈翔六点半"的抖音账号及发布的短视频

2.5 不同类型短视频的内容策划

短视频内容越来越多，栏目也越来越多，如何寻找好的选题成了短视频创作者首先要关心的问题。目前，短视频行业各类选题层出不穷，时尚类、美食类、猎奇类、旅行类等不胜枚举，本节将向读者介绍一些不同类型短视频的选题策划方案，便于新手入门。

2.5.1 幽默喜剧类

幽默喜剧类短视频的受众比较广，娱乐搞笑的内容能够引起大多数观众的兴趣，只要不涉及敏感的内容，就能够拥有众多移动端、PC 端的观众，其中很火的一个门类是"吐槽"段子类。

"吐槽"类短视频是非常受观众喜欢的一种内容形式，此类短视频通常针对当前的热点问题进行"吐槽"，其语言风格犀利、幽默，对很多问题一针见血，深得广大用户喜欢。但是作为内容创作者，虽然是"吐槽"，也要坚持正能量，不能触犯国家法律。图 2-5 所示为幽默喜剧类的短视频截图。

除此之外，"吐槽"的点要狠、准、深。所谓"狠"，就是要对他人的话语或某个事件中的薄弱点进行言语比较犀利的"吐槽"。这里要注意控制好吐槽的尺度，一方面不能太客气，以免吐槽不疼不痒，没有效果；另一方面要保持幽默感。所谓"准"，就是要抓准被"吐槽"的人或事的根本特点，避免对一些无关痛痒的内容进行吐槽。所谓"深"，是指"吐槽"不仅要为用户带去欢乐，还要揭示较为深刻的道理。这样"吐槽"类短视频才能走得更远。图 2-6 所示为幽默喜剧类的短视频截图。

图 2-5 幽默喜剧类的短视频截图

图 2-6 幽默喜剧类的短视频截图

2.5.2 生活技巧类

生活技巧类和幽默喜剧类同样有着不少的受众，短短几分钟就能学会一个可以使生活变得便捷的小窍门是广大用户所乐见的。生活技巧类短视频的基本诉求是"实用"，在策划这类短视频时要注意以下几点。

1. 通俗易懂

这类短视频具有一个特点，即将复杂的事变简单。比如一些软件使用类短视频，其目的是教新用户使用软件。短视频内容一定要通俗易懂，具体体现在话语通俗和步骤详细上，甚至在一些关键的地方要放慢节奏。

2. 实用性强

生活技巧类短视频的题材要贴近生活，并且能为用户带来生活上的便利。如果用户在观看完之后并没有起到什么作用，那么这样的作品无疑是失败的。所以，在制作短视频前，一定要收集、整理、分析数据，看看目标用户在生活上有怎样的困难，然后有针对性地制作短视频以帮助用户解决问题。

此类短视频的实用性是非常重要的。图 2-7 所示为生活技巧类的短视频截图。

图 2-7　生活技巧类的短视频截图

3. 讲解方式有趣

一般来说，生活技巧类短视频比较枯燥，为了能更好地吸引用户的兴趣，在讲解方式上可以采用夸张的手法表现操作失误所带来的后果。

4. 标题新颖、具体

短视频标题的选取十分重要，一个好的标题往往能快速吸引用户注意，从而使用户产生观看短视频的欲望。因此在标题选取上一定要新颖、具体。比如"戒指卡住手指怎么办？一招轻松取下"就比"戒指卡住手指取下的方法"好很多；"活了 20 多年才知道手机插头还有这样的妙用，看完我也试一试"就比"手机插头还能这样用"吸引人；"胶带头难找？那是因为你没学会这 3 招"就比"如何快速找胶带头"新颖、具体很多。图 2-8 所示为新颖、突出的生活技巧类的短视频标题。

图 2-8　新颖、突出的生活技巧类短视频标题

2.5.3　美食类

美食类在中国受欢迎似乎并不需要什么特别的理由，几千年的美食文化注定了美食类选题一定大有可为，并且能够在长时间内持续产出优质内容。

"民以食为天"，美食类选题的受众群体是非常大的。一般来说，美食类短视频分为以下 4 类。

1. 美食教程类

美食教程，简单说就是教用户一些做饭的技巧。"日日煮"是一个典型的美食教程类短视频节目，观众通过短短几分钟的时间就可以学习一道美食的制作方法。虽然是做饭，但是"日日煮"的视频更为精致，每一个镜头、每一段文字及音乐都恰到好处，很容易勾起观众的食欲。而且每期节目的菜品都会通过用户建议反馈、时令以及实时热点来确定。图 2-9 所示为"日日煮"的短视频截图。

图 2-9　"日日煮"短视频截图

2. 美食品尝类

与美食教程类视频截然不同，美食品尝类短视频的内容更简单直接，观众对美食的评价主要来自于视频中人物的表情、动作及人物对美食味道的感受。品尝美食通常有以下两种类型：一是美食品尝、测评，这类内容像是一个美食指南，帮助观众发现、甄别、选择食物；二是吃秀，即通过比较直接、夸张的肢体动作、表情进行吃饭表演，给用户打造出一个模拟的真实感或猎奇感。图 2-10所示为美食品尝类的短视频截图。

图 2-10　美食品尝类短视频截图

3. 美食传递类

现代人生活节奏快，每天都要面对来自各方面的压力。通过在某种情境中制作美食来传递出某种生活状态成了美食类节目的一个爆点。在"日食记"的视频中，不管是温柔娴熟的制作手法，还是温馨浪漫的室内环境，都是经过精心策划的，这时的美食不单单是道菜品，更是忙碌的都市人追求的一种生活状态。图 2-11 所示为"日食记"的短视频截图。

图 2-11　"日食记"短视频截图

4. 娱乐美食类

短视频内容对大众来说主要是空闲时间的消耗品，所以搞笑、娱乐类的内容很容易吸引用户。美食类也不例外，有很多创作者都是将美食类的内容以搞笑的方式进行表现的。对观众来说，"搞笑＋美食"的内容，增加了内容的娱乐性、趣味性，更容易获取用户，而且用户群也相对更广泛。图 2-12 所示为"菜菜美食日记"的娱乐美食短视频截图。

图 2-12　"菜菜美食日记"娱乐美食短视频截图

2.5.4　时尚美妆类

时尚美妆类短视频一直在女性用户中火爆，甚至也受到部分男性用户的青睐。这些用户选择观看该类短视频就是为了从中学习些技巧来让自己变美，所以在策划这类短视频时不仅要有实用的技巧，还要紧跟时尚潮流。

　　每个人对时尚的理解不同，加上时尚领域又很复杂，所以在制作短视频之前一定要进行大量的前期调研。比如当季流行类短视频要对服装饰品的流行元素和常见的品牌有一定的了解，而对于个人穿搭类短视频就会简单很多，只要将自己的穿搭经验分享给用户即可。图 2-13 所示为时尚类短视频截图。

图 2-13　时尚类短视频截图

　　除此之外，美妆类短视频也深受广大用户的青睐。一般来说，美妆类短视频可以分为 3 种：技巧类、测评类和仿妆类。

　　其中技巧类的美妆短视频最受化妆初学者或是想要提高自己化妆技巧用户的欢迎，这类短视频在内容制作上要着重展示每一步化妆的技巧，以便用户能轻松学习。测评类美妆短视频往往由制作者对同类美妆产品进行试用和评测，给予对美妆产品了解较少的或者是在商品上犹豫不决的用户一些建议。仿妆类短视频往往是具备了一定化妆技巧后按照明星的样子进行化妆，然后制作短视频，给人一种震撼的感觉，这类短视频会吸引不少明星"粉丝"，这些"粉丝"会转化为潜在的用户，为短视频运营带来便利。图 2-14 所示为美妆类短视频截图。

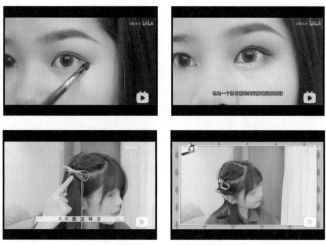

图 2-14　美妆类短视频截图

2.5.5 科技数码类

虽然科技数码类短视频的女性受众相对较少，但仍不失为一类优质选题。首先，数码产品极快地更新迭代能为短视频创作带来源源不断的创作素材和新鲜内容。其次，随着手机等个人数码设备的普及，人们对科技数码产品的兴趣也在逐渐增加。这意味着科技数码类短视频会有比较好的市场，而且能持续吸引目标用户群体。

在策划这类短视频时，首先要得到第一手的信息，然后进行处理、加工，并传递给受众。不仅如此，在内容策划上还要给用户提供一个可以参考、比较的对象。比如在介绍新发布的手机的时候，如果仅介绍手机的整体外观、性能、工艺等如何优秀，就很难让用户对这款手机有一个明确的概念，而如果把这款手机和其他同类产品做一个比较，就会清晰很多。图 2-15 所示为科技数码类短视频截图。

图 2-15　科技数码类短视频截图

2.5.6 Vlog 类

Vlog 是博客的一种全新类型，英文全称为 Video blog 或 Video log，意思是视频记录、视频博客、视频网络日志。Vlog 作者以影像代替文字和图片，拍摄和制作个人 Vlog，上传与网友分享。

通常一个 Vlog 视频长度为 1 ～ 10 分钟，内容大多为以拍摄者为主角的个人生活记录或具有个人特色的视频日记。这种以第一视角为主线的生活记录方式充分满足了观看者对美好生活的向往，使其能够在观看的同时与 Vlog 创作者产生某种程度上的共鸣，同时也因这种微妙的陪伴感而进一步提升观众对 Vlog 的收看欲望。

Vlog 非常适合年轻人，能拍的东西有很多很多，比如记录日常生活、和孩子相处的点滴，也可以拍摄旅行日志、测评分享、技能展示等，这些都可以作为 Vlog 的主题。有时候，看起来平凡无奇的小视频，却更能勾起观众的共鸣。图 2-16 所示为旅行日志类 Vlog 短视频。

Vlog 已经逐渐成为了人们记录生活，表达个性最主要的方式。在策划拍摄 Vlog 短视频时，需要注意以下几个方面。

（1）记录自然平凡的生活。一次旅行、一次展览、一次绘画、一次游戏都可以作为素材。

（2）独特的人格化。Vlog 镜头语言、人物的特性和自我表达都很鲜明，既满足了创作者真实记录的需求，又符合受众获得情感联系与归属感的要求。

（3）难度较高的创作门槛。Vlog 需要博主精良的拍摄、规划和剪辑技巧。

（4）短视频领域的审美品位。Vlog 短视频着重于自然、真实的叙述。旅行 Vlog 短视频反映出精致充实的生活态度，学习生活 Vlog 短视频能够透露独立自主的奋斗品质，这些都适合现代年轻人的审美品位。

图 2-17 所示为拍摄和后期制作都非常出色的美食制作类 Vlog 短视频。

图 2-16　旅行日志 Vlog 短视频

图 2-17　美食制作 Vlog 短视频

2.5.7　开箱测评类

在 B 站，近一年有 1 亿用户观看了开箱测评类短视频，总播放量达到 200 亿次，平均每人观看 200 个商品评测，这是个特别惊人的数字。换个角度来理解这件事，有 1 亿年轻人，每人每年主动看 200 个品牌的产品介绍视频，开箱测评的本质就是趣味版的产品介绍与体验。

开箱测评类短视频为观众们提供了打开新世界的大门的可能性。物质世界的发展，使五花八门的新产品层出不穷，让人们更想要寻根问底——这个产品到底是什么？怎么用？好用吗？盒子里装的是否如广告里描述的一致？而担心被骗或者疲于购买的人们只需要打开短视频平台，即可在与全世界共享好奇心的开箱视频里得到自己想知道的一切。

从封闭的瓦楞纸箱开始，一层层拨开包装，最后到产品完全露出，拆箱视频提供了原始的画面、全面的信息和无法作弊的视角。熟练的开箱博主用一个可以被观众信赖的身份取得产品，对产品进行初次使用或者尝试，并给予观众全面又详细的评测反馈。图 2-18 所示为开箱测评类短视频。

图 2-18　开箱测评类短视频

而到底是拔草还是种草，看完开箱视频，或许观众心里就有了答案。

开箱测评类短视频可以从以下两个方面考虑其内容的策划。

1. 单品测评

"开箱＋单品测评"，主要以真人出镜为主，画面干净，对产品外观进行简单描述，在试用过程说明自己的感受。例如，常见的数码产品测评、化妆品测评等。图 2-19 所示为一款数码产品的开箱测评短视频。

图 2-19　数码产品的开箱测评短视频

2. 对比测评

选择同类产品进行对比测评，更具说服力，与生活相关的产品转化率更高。测评产品多为网红单品，展示产品细节，真实的测评感受更容易获得受众信任。图 2-20 所示为多款防晒霜的对比测评短视频。

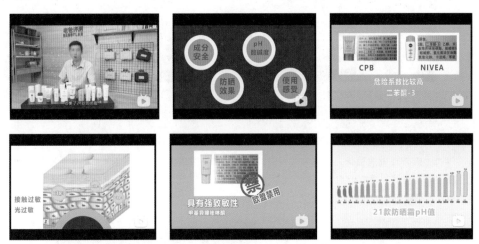

图 2-20 多款防晒霜的对比测评短视频

2.6 设备的选择

拍摄视频需要一定的专业技巧，尤其是拍摄几十秒的短视频，每个镜头都需要反复思考，有些视频还需要特殊的拍摄装备。所以对短视频创业团队或者短视频工作人员来说，选好设备对拍摄短视频有直接的影响。

2.6.1 拍摄设备

虽然手机的拍摄功能已经非常强大，但是相比于专业的拍摄器材，手机拍摄的质量仍然会略显不足。目前常用的短视频拍摄设备有手机、单反相机、家用 DV 摄像机、专业级摄像机等。

1. 手机

手机的最大特点就是方便携带，可以随时随地进行拍摄，遇到精彩的瞬间就可以拍摄下来、永久保存。但是因为不是专业的摄像设备，它的拍摄像素低，拍摄质量不高。如果光线不好，拍出来的照片容易出现噪点。

而且用手机拍摄的时候会出现手颤抖的情形，造成视频画面剧烈抖动，后期的视频衔接会出现卡顿。针对手机拍摄视频过程中的种种问题，可以用一些"神器"来助阵。

（1）手持云台。用手机进行拍摄时，可以配备专业的手持云台，这样操作时可以避免因为手抖动造成的视频画面晃动等问题，适用于一些对拍摄技巧需求高的用户。图 2-21 所示为手持云台。

（2）自拍杆。作为一款风靡世界的"神器"，自拍杆能够通过遥控器完成多角度拍摄动作，是拍摄短视频过程中的一款主力"神器"，该设备适用于一些常常外出旅游的短视频拍摄者。图 2-22 所示为自拍杆。

图 2-21　手持云台　　　　　　　　　　　　图 2-22　自拍杆

（3）手机支架。手机支架可以释放拍摄者的双手，将它固定在桌子上还能防摔、防滑，适用于拍摄时双手需要做其他事情的短视频创作者。图 2-23 所示为手机支架。

（4）手机外置摄像镜头。手机的外置摄像镜头可以使拍摄出来的画面更加清晰，人物的形态也会更加生动、自然，适用于想拍好和享受短视频乐趣的任何人，操作简单，价格不贵。图 2-24 所示为手机外置摄像镜头。

图 2-23　手持支架　　　　　　　　　图 2-24　手机外置摄像镜头

2. 单反相机

单反相机是一种中高端摄像设备，用它拍摄出来的视频画质比手机的效果好很多。如果操作得当，有时候拍摄出来的效果比摄像机还要好。

单反相机的主要优点在于能够通过镜头更加精确地取景，拍摄出来的画面与实际看到的影像几乎一致。单反相机具有卓越的手控调节能力，可以根据个人需求来调整光圈、曝光度，以及快门速度等，能够比普通相机取得更加独特的拍摄效果。它的镜头也可以随意更换，从广角到超长焦，只要卡口匹配完全可以随意更换。

但是单反相机的价格比较昂贵，并且它的体积较普通相机大，便携性较差。单反相机的整体操作性也不强，如果是初学者，可能很难掌握拍摄技巧。单反相机没有电动变焦功能，拍摄过程中会出现变焦不流畅的问题，尤其是它的拍摄时间限制在 30 分钟之内，会造成拍摄时间过短、视频录制不全等问题。

图 2-25 所示为单反相机。

3. 家用DV摄像机

家用 DV 摄像机小巧方便，家庭旅游或者活动拍摄都可以使用，其清晰度和稳定性都很高，方便记录生活。尤其是它的操作步骤十分简单，可以满足很多非专业人士的拍摄需求，并且内部存储功能强大，可以长时间进行录制。

图 2-26 所示为家用 DV 摄像机。

图 2-25　单反相机

图 2-26　家用 DV 摄像机

4. 专业级摄像机

专业级摄像机常见于新闻采访或会议活动，它的电池蓄电量大，可以长时间使用，并且自身散热能力强。

专业级摄像机具有独立的光圈、快门以及白平衡等设置，拍摄起来很方便，但是画质没有单反相机好。专业级摄像机的体型巨大，拍摄者很难长时间手持或者肩扛，它的价格昂贵，普通的专业级摄像机也要两万元左右。

图 2-27 所示为专业级摄像机。

图 2-27　专业级摄像机

🖐 小贴士：　无论是哪种短视频拍摄设备都是为了帮助我们完成短视频的录制，选择哪种拍摄设备主要取决于具体需求和预算，要根据具体情况而定。

2.6.2　稳定设备

短视频拍摄对于稳定的设备要求非常高。首先视频拍摄时并不能一直手持拍摄，必须要借助于独脚架、三脚架或者稳定器。

先说独脚架或三脚架。如果要求不高，大部分摄影用的独脚架和三脚架是可以胜任的，但是短视频拍摄时，需要更换视频云台。视频云台的作用，是通过油压或者液压实现均匀的阻尼变化，从而实现镜头中"摇"的动作，所以视频云台是非常重要的稳定设备。

图 2-28 所示为独脚架和三脚架。

图 2-28　独脚架和三脚架

现在的稳定器非常多，常见的包括手机稳定器、微单稳定器和单反稳定器（大承重稳定器）。

对于稳定器，还需要考虑两个因素，一是稳定器和使用的相机型号能否进行机身电子跟焦，如果不能，需要考虑购买跟焦器；二是稳定器使用时，必须进行调平，虽然有些稳定器可以模糊调平，但是严格调平，使用起来更高效。

小贴士： 选择稳定器，首先要考虑稳定器的承载能力，如果使用的是小型微单，选择微单稳定器就可以了。但是如果使用的拍摄设备重量较大（哪怕是微单，如果镜头比较大）还是建议选择更大型的单反稳定器。

2.6.3　收声设备

收声设备是最容易被忽略的短视频拍摄设备，短视频拍摄是"图像＋声音"的模式，收声设备非常重要。

收声依靠机内的麦克风是远远不够的，我们需要外置麦克风。最常见的麦克风包括无线麦克风，又称"小蜜蜂"；或者指向性麦克风，也就是一般常见的机顶麦。

麦克风的种类非常多，不同麦克风适用于不同的拍摄场景。无线麦克风（见图 2-29）一般更适合现场采访、在线授课、视频直播等环境。而机顶麦（见图 2-30）更适合一些现场收声的环境，如微电影录制、多人采访等。

图 2-29　无线麦克风

图 2-30　机顶麦

机顶麦的种类有很多，主要根据指向性进行区分，首先话筒可以分为全向型话筒和指向性话筒，全向型话筒一般用于室内舞台收音，很少用于日常短视频录制。

指向性话筒可以分为心形、超心型、8 字型、枪型等不同指向性话筒。在日常拍摄时，一般选择心形或者超心型麦克风作为收声设备，这一类设备更适合录制日常的 Vlog 短视频，而枪型麦克风，更多用于视频采访或者电影录制等环境。

小贴士： 通常，为了更好地保证收声效果，如果相机具备耳机接口，尽可能使用监听耳机进行监听，保证声音的正确。另外，室外拍摄时，风声是对收声最大的挑战，所以在室外拍摄时，一定要用防风罩降低风噪。

2.6.4　灯光设备

灯光设备对于短视频拍摄同样非常重要，因为很多短视频拍摄是以人物为主体的，很多时候都需要用到灯光设备。然而灯光设备并不算日常短视频拍摄的必备器材，如果想要获得更好的视频画质，灯光设备是必不可少的。

好的灯光设备，对于提升视频质量来说非常重要。不过对日常的短视频拍摄来说，并不需要特别专业的大型灯光设备，一些小型的 LED 补光灯（主要用于录像、直播）或射灯（主要用于拍摄静物）就足够了。图 2-31 所示为小型的 LED 补光灯和射灯。

图 2-31　LED 补光灯和射灯

2.6.5　其他辅助设备

为了更好地实现日常短视频拍摄，一般还需要一些辅助设备，最常见的辅助设备有反光板、幕布等。

1. 反光板

对于光线直接照射的画面，如果想要获得更好的曝光效果，可以尝试使用反光板，80cm 的反光板足以胜任。

2. 幕布

很多真人出镜的视频，背景过于混乱会直接影响到观看体验。这时候可以尝试使用幕布，纯色、定制色、不同图案背景的幕布都能购买到，可以使用无痕灯固定幕布，这样粘贴在墙面上，可以达到无痕的效果。

2.7　了解粗剪与精剪

完成了短视频的拍摄后，就可以对视频进行剪辑操作了。剪辑视频素材通常有两种方法：一种是粗剪，即对视频进行大致的剪辑处理；另一种是精剪，通常是对视频进行逐帧的细致剪辑处理。通常粗剪与精剪相结合，即可完成视频的剪辑处理。

1. 粗剪

在有剧本的视频剪辑中，粗剪一般需要将完成度较高的镜头和段落按照剧本里写的先后顺序组合在一起，做到片子基本成型，故事情节流畅。

而在没有剧本只有流畅的视频节目中，粗剪需要将无效的内容剪掉，尽量多保留有看点的内容。根据项目不同，要求也略有不同。一般情况下，需要保证故事的完整性，在不添加背景音乐的情况下，观众也能够看懂大致发生了什么。

2. 精剪

精剪主要是在粗剪的基础上，对每段视频素材中的镜头进行精细的剪辑处理。精剪包括裁切点的选择、每个镜头的长度处理、整部视频作品的节奏把控、音乐音效的铺设以及人物形象的塑造等，都要做到精细。不过精剪也是需要一步步修改的，一次定版的情况几乎没有。

小贴士： 粗剪和精剪是视频素材剪辑处理中的两个步骤，但根据每个项目的不同情况和剪辑师的个人习惯，粗剪和精剪的标准也会有所不同。

2.8 本章小结

网络短视频用于表达个人的内心愿望和诉求，用平凡的故事感动人，表达自己的理念与观点，体现个人对社会的思考。本章主要介绍了有关短视频内容的创作流程等相关内容，通过对本章的学习，希望读者能够掌握短视频内容创作的方法，并能够将其应用到短视频的创作过程中。

第3章 图片及视频拍摄

图片及视频拍摄既是技术手段又是艺术创作，要掌握画面形象的造型，就必须掌握一定的艺术造型手段，也就是掌握画面的构图方法。通过构图，达到画面表现形式与内容的统一，以完美的画面形象结构与最佳的画面效果来表现主题。

本章将讲解图片与视频拍摄的相关知识，包括拍摄的原则与标准、光线、色彩、影调、景别、运镜、画面的结构元素、画面的构图形式和构图方法等内容，使读者能够理解并掌握图片与视频的拍摄方法和技巧。

3.1 拍摄的原则与要点

在图片和视频的拍摄过程中，为了能够确保获得优质的图片与视频画面，拍摄时必须遵循以下几点最基本的拍摄原则和要点。

1. 画面要平

画面的地平线要保持水平，这是正常画面的基本要求。如果水平线不平，画面表现的对象就会倾斜，容易使观众产生某种错觉，严重时还会影响观看效果。

保证画面水平的要点有以下两点。

（1）使用具有水平仪的三脚架进行拍摄时，可以调整三脚架三只脚的位置或云台的位置，使水平仪内的水银泡正好处于中心位置，此时画面水平。图 3-1 所示为拍摄三脚架。

图 3-1　拍摄三脚架

（2）如果以地平线为参考或拍摄方向发生了改变，这时就要以与地面垂直的物体做参照，如建筑物的垂直线条、树木、门框等，使其垂直线与画框纵边平行，就能够使画面有水平的感觉。

2. 画面要稳

镜头晃动或画面不稳，会使观众产生一种情绪不安的心理，而且容易造成视觉疲劳。因此，拍摄时要尽量保持镜头稳定，消除任何不必要的晃动。

保证画面稳定的要点有以下四点：

（1）尽可能使用三脚架拍摄固定镜头。

（2）边走边拍时，为减轻震动，双膝应该略微弯曲，脚与地面平行移动。

（3）手持拍摄时使用广角镜头进行拍摄，可以提高画面的稳定性。

（4）推拉镜头与横移镜头最好在轨道车、摇臂上拍摄。图 3-2 所示为使用轨道车和摇臂拍摄的示意图。

3. 摄速要匀

摄像机镜头运动的速度要保持均匀，切忌时快时慢、断断续续，要保证节奏的连续性。

保证镜头运动匀速的要点有以下三点：

（1）使用三脚架摇拍镜头，首先要调整好三脚架上的云台阻尼（阻尼即带减震装置或有减震性能设计的云台），大小适中，使摄像机转动灵活，然后匀速操作三脚架手柄，使摄像机均匀地摇动。

（2）进行摄像机变焦操作时，采用自动变焦比手动变焦更容易做到匀速。

（3）推拉镜头与移动镜头时，要控制移动工具匀速运动。

图 3-2　使用轨道车和摇臂拍摄的示意图

4. 摄像要准

通过一定的画面构图准确地向观众表达出创作者所要阐述的内容，这就要求保证拍摄对象、拍摄范围、起幅落幅、镜头运动、景深运用、色彩呈现、焦点变化等都要准确。

保证画面准确的要点有以下两点：

（1）领会编导的创作意图，明确拍摄内容和拍摄对象。

（2）勤练习，掌握拍摄技巧。例如，运动镜头中的起幅落幅要准确，是指镜头运动开始时静止的画面点及结束时静止的画面点要准确到位，时间够长，起落幅画面一般要有 5 秒钟以上的时间，这样才能方便后期编辑的镜头组接。又如，对于有前后景的画面，有时要求把焦点对准在前景物体上，有时又要求把焦点对准在后景物体上，可以利用"变焦点"来调动观众的视点变化。再如，可以通过调整白平衡使色彩准确还原。

5. 画面要清

清，是指所拍摄的画面要清晰，最主要是保证主体物的清晰。模糊不清的画面会影响观众的观看情绪。

保证画面清晰的要点有以下两点：

（1）拍摄前注意保持摄像机镜头的清洁，拍摄时要保证聚焦准确。为了获得聚焦准确的画面，可以采用长焦聚焦法。即无论主体远近，都要先把镜头推到焦距最长的位置，调整聚焦环使主体清晰，因为这时的景深短，调出的焦点准确，然后再拉到合适的焦距位置进行拍摄。

（2）当被摄物体沿纵深运动时，为了保证物体始终清晰，常采用以下三种方法拍摄。一是随着被摄物体的移动相应地调整镜头聚焦；二是按照加大景深的办法做一些调整，如加大物距、缩短焦距、减小光圈；三是采取跟拍方式，始终保持摄像机和被摄物之间的距离不变。

3.2　光线

光线是影视摄影的基础，没有光线就无法进行拍摄，合理地利用光线才能够拍摄出理想的画面。光线是营造环境氛围、塑造画面造型、表现人物形象的重要手段。

3.2.1　光线的作用

图片与视频拍摄的光源有自然光和人造光两种。自然光主要是指太阳光、月光等，自然光比较自然、真实。人造光是指各种照明器材所发出的光线,如日光灯、白炽灯、LED 灯、聚光灯等。在实际应用中,这两种光可以独立使用,也可以混合使用。

1. 利用光线展示特定的时间环境

自然光在不同时刻的光影效果可以表现不同的时间,例如早上、中午、傍晚的自然光的光影效果是不一样的。在图片与视频拍摄过程中,可以根据主题、情节的需要,通过自然光或人造光的设计来塑造特定的时间环境。图 3-3 所示的视频画面中,通过自然光线表现出傍晚的时间环境。

2. 利用光线突出主体

利用光线的集中照射可以把观众的视觉注意力引导到特定的主体上来,也可以通过光线的处理把某些次要部分或缺陷隐藏起来,从而突出主体形象。图 3-4 所示的视频画面中,通过光线突出主体。

图 3-3 通过自然光线表现时间环境

图 3-4 通过光线突出主体

3. 利用光线营造氛围

同一环境采用不同的光线处理,可以营造出不同的氛围,使观众产生不同的情绪感受。比如,明亮的光线可以营造一种闲适、温馨、愉悦的氛围;阴暗的光线则容易产生压抑、恐惧、低落的情绪。图 3-5 所示的视频画面中,通过光线营造氛围。

4. 利用光线加强屏幕空间透视,增强画面立体感

光线具有表现屏幕空间透视的造型功能。通过人工布光或利用自然光,使被摄物之间的相互关系形成一种明显的画面影调明暗对比和反差层次,从而展现出画面的空间范围和空间透视效果,增强画面的空间感。另外,还可以通过改变照在被摄体上的光影比例,表现人物或物体的立体感和质感。图 3-6 所示的摄影画面中,通过光线增强画面立体感。

图 3-5 通过光线营造氛围

图 3-6 通过光线增强画面立体感

3.2.2 光的性质

根据光的性质,光线可分为直射光和散射光。

　　直射光又称为硬光，光线比较生硬，被照物体受光面亮，背光面暗，明暗对比强烈，层次分明，投影明显，具有鲜明的造型功能，在图片与视频拍摄中常作为主光使用。它的典型光源为太阳或聚光灯。图 3-7 所示为直射光的效果。

　　散射光又称为软光，这种光无明显的方向性，光线比较柔和，被照物体受光面、背光面明暗对比不强，无明显投影，层次较细腻，但造型效果不突出。它的典型光源为阴天的天空或散光灯。图 3-8 所示为散射光的效果。

图 3-7　直射光的效果　　　　　　　　　　图 3-8　散射光的效果

3.2.3　光的方向

　　根据光的投射方向不同，光的方向大致可以分为顺光、侧光、逆光、顶光、脚光 5 种基本类型。

　　1. 顺光

　　顺光又称正面光，是指光线投射方向与摄像机拍摄方向一致。顺光可以使被摄物体正面受光均匀，画面阴影不明显，影调柔和自然，能够较好地表现被摄物体原有的色彩。但顺光画面平淡、呆板、无层次，缺乏物体立体感和空间透视感。图 3-9 所示为顺光的画面效果。

　　2. 侧光

　　侧光又分为正侧光、前侧光和侧逆光。

　　正侧光是指光线投射方向与摄像机拍摄方向成 90°左右水平角。正侧光可以使被摄物体产生较强的明暗反差和阴影。正侧光能够突出被摄物体的立体感和质感，造成强烈的造型效果。

　　前侧光是指光线投射方向与摄像机拍摄方向成 45°左右水平角。前侧光可以使被摄物体明暗层次丰富，能够较好地表现被摄物体的立体感和质感，造型效果较好，是摄影中运用较多的光线。

　　侧逆光是指光线投射方向与摄像机拍摄方向成 135°左右水平角。侧逆光使被摄物体背向光源，可以勾画出被摄物体的轮廓和形态，使画面具有一定的空间感和立体感。

　　图 3-10 所示为前侧光的画面效果。

图 3-9　顺光的画面效果　　　　　　　　　图 3-10　前侧光的画面效果

3. 逆光

逆光又称为背面光,是指光线投射方向与摄像机拍摄方向成 180°左右的角度。以逆光为主光拍摄人物时,能够获得剪影的效果,可以着重渲染画面的整体气氛,还可以清晰地勾画主体的轮廓,使之与背景分离从而得到突出。在拍摄表现意境的全景和远景时,采用自然逆光,可以获得丰富的景物层次,增强空间感。但由于被摄对象正面处于阴影中,无法看清细节和色彩,因而不宜多用。图 3-11 所示为逆光的画面效果。

4. 顶光

顶光是指被摄物体上方投射下来的接近垂直的光线。顶光照明人物时,使人物头顶、鼻梁、腭骨等部分明亮,而眼窝、鼻梁下显得阴暗,产生恐惧或严肃的效果。垂直顶光有时也用于表现反派人物形象,45°角的后向顶光常用来修饰人物的头发和肩部。图 3-12 所示为顶光的画面效果。

图 3-11　逆光的画面效果

图 3-12　顶光的画面效果

5. 脚光

脚光是指由被摄物体的下方投射上来的光线。脚光既可以起到造型的修饰作用,也可以表现特定的环境,还可以造成扭曲的造型效果,产生丑化和恐怖的感觉。

3.2.4　光的造型

按照光线的造型效果,光线可以分为主光、辅助光、轮廓光、背景光、修饰光和效果光等,布光往往是对各种光的综合运用。图 3-13 所示为灯光的布局示意图。

1. 主光

主光是表现主体造型的主要光线,是画面中比较明亮的光线,用来照亮被拍摄物体最富有表现力的部位。主光在画面上具有明显的光源方向,最容易吸引观众的注意力,起主要的造型作用,故又称为塑造光。主光在整个画面的光线中起主导地位,其他光的配置需要在主光的基础上进行合理安排。主光一般采用聚光灯照明。

图 3-13　灯光布局示意图

2. 辅助光

辅助光是指补充主光效果的辅助光线。辅助光主要用来平衡亮度,为被拍摄物体阴影部分补充照明,减少明暗反差,使阴影部分产生细腻感,辅助主光造型。主光和辅助光的光比要合理,如果反差过大,明暗影调会显得生硬;反差过小,明暗影调就会显得柔和。需要注意的是,辅助光亮度不能强于主光,否则会破坏主光的造型表现力。辅助光一般采用聚光灯或散射灯照明,必要时还可以使用反光板辅助。

3. 轮廓光

轮廓光又称为"逆光"，是从被拍摄物体背后照来的光。它使被拍摄物体产生明亮的边缘，勾画出被拍摄物体的轮廓形状，将物体与物体之间、物体与背景之间分开，以突出主体，增强画面的纵深感和立体感。轮廓光不宜过强，否则会使轮廓"发毛"而影响画面效果。轮廓光一般采用聚光灯照明。

> 📎 **小贴士**：　主光、辅助光和轮廓光是摄像最基本的三种光线，用这三种光线进行布光，称为三点布光。

4. 背景光

背景光是指照亮被拍摄物体背景的光。它的作用是提高背景亮度以及消除被拍摄物体在背景上的投影，使物体与背景分开，衬托被拍摄主体。这种情况下，背景光的亮度要求均匀分布。对背景光进行特殊设计时，还可以表现特定的环境和时空特点，营造某种气氛。背景光一般采用散光灯，其灯位布设在被拍摄主体的后面。

5. 修饰光

修饰光是指照亮被拍摄物体某一细节特征的光线，主要用来突出被拍摄物体的某一细节造型，常见的修饰光有眼神光、头发光、服饰光等。通过对被拍摄物体局部和细节的修饰，使形象更突出、更完美。修饰光不宜过分强烈，不能破坏光效的整体性和真实性。

6. 效果光

效果光是指使用人工光源再现现实生活中某些特殊效果的光线。效果光可以更好地表现特定环境、时间和气候等，也可以表现特定的人物情绪，如烛光、火光、台灯光、电筒光、汽车光、闪电光、电脑激光等。

3.3　色彩

色彩是图片和视频画面的重要造型元素和主要表现手法。色彩除了再现现实生活中的自然颜色外，更重要的是表达人们的某种情况和心理感受。因此，图片与视频拍摄需要了解并掌握色彩的特征及其作用，充分发挥色彩对视觉形象的造型功能和表意功能。

3.3.1　色彩的基本属性

每一种色彩都会同时具有三种基本属性：色相、明度和饱和度。它们在色彩学上称之为色彩的三大要素或色彩的三属性。

1. 色相

色相是指色彩的相貌，是一种颜色区别于另外一种颜色的最大特征。色相是在不同波长的光的照射下，人眼所感觉到的不同的颜色，如红、橙、黄、绿、青、蓝、紫等。色相由原色、间色和复色构成。

2. 明度

明度是眼睛对光源和物体表面的明暗程度的感觉，主要是由光线强弱决定的一种视觉经验。

在无彩色中，明度最高的色彩是白色，明度最低的色彩是黑色。在有彩色中，任何一种色相中都包含明度特征。不同色相的明度也不同，黄色为明度最高的有彩色，紫色为明度最低的有彩色。

3. 纯度

纯度又称为饱和度，是指色彩的纯正程度，色彩纯度越高就越鲜艳。饱和度取决于该色彩中含色成分和消色成分（灰色）的比例，含色成分越大，饱和度越高；消色成分越大，饱和度越低。各种单色光是最饱和的色彩。

3.3.2　色彩的造型功能

色彩的画面造型功能体现为颜色本身的视觉效果，更多地表现在色彩之间的协调或对比上，通过对画面中不同色彩的明度、比例、面积、位置之间的配置，造成画面不同的明暗、浓淡、冷暖等视觉感受，起到造型作用。

色彩基调是指一张图片或一部短视频作品的色彩构成总倾向。色彩的造型不仅体现在具体场面的单个镜头中，而且可以体现在整个短视频的总体基调设计中。创作者应该根据短视频内容来选择合适的色彩基调。

一般来说，色彩基调按照色性可以分为暖调、冷调和中间调。暖调包括红、橙、黄及与其相近的颜色；冷调包括青、蓝及其相近的颜色；中间调包括黑、白、灰等中性色。按照色彩的明度划分，可以分为亮调和暗调。

图 3-14 所示为暖调的美食类短视频的画面效果。图 3-15 所示为冷调的旅行类短视频的画面效果。

图 3-14　暖调的画面效果

图 3-15　冷调的画面效果

3.3.3　色彩的情感与象征意义

人类在长期的生活实践中，对不同的色彩积累了不同的生活感受和心理感受，获得了不同的色彩情感，从而产生不同的联想。一般而言，暖色给人带来热情、兴奋、活跃、激动的感觉；冷色给人以安宁、低沉、冷静的感觉；中间色则没有明显的情感倾向。

在短视频的特定情境中，每一种色彩都具有独特的情感意义，有的色彩在表现上往往还具有双重或多重的情感倾向。表 3-1 所示为色彩的基本情感倾向和象征意义。

🖌 小贴士：　在图片和短视频拍摄中，要把握好光源的色温性质对色彩还原产生的影响，正确处理好被拍摄物体自身的色彩、周围环境色彩以及照明光源色彩三者之间的关系，保持影调色彩的一致性。

在构图的色彩因素运用中，一方面要注意对画面主体、陪体和背景的色彩关系进行合理配置，使其形成画面色彩的对比和呼应，从而突出主体、渲染气氛；另一方面要注意色彩的情感意义和象征意义，通过色彩的合理运用，使画面更具有视觉冲击力和艺术表现力。

表 3-1 色彩的基本情感倾向和象征意义

色 彩	情感倾向和象征意义
红色	具有热烈、热情、喜庆、兴奋、危险等情感。红色是最醒目、最强有力的色彩，它既可以象征喜悦、吉祥、美好，也可以象征温暖、爱情、热情、冲动、激烈，还可以象征危险、躁动、革命、暴力
橙色	具有热情、温暖、光明、成熟、动人等情感。橙色通常会给人一种朝气与活泼的感觉，可以使原本抑郁的心情豁然开朗
黄色	具有辉煌、富贵、华丽、明快、快乐等情感。黄色给人以明朗和欢乐的感觉，象征着幸福和温馨。在我国历史传统中，黄色又象征着神圣、权贵
绿色	具有生命、希望、青春、和平、理想等情感。绿色是最生机盎然的色彩，它代表着春天，象征着和平、希望和生命
青色	具有洁净、朴实、乐观、沉静、安宁等情感。青色通常会给人带来凉爽清新的感觉，而且可以使人原本兴奋的心情冷静下来
蓝色	具有无限、深远、平静、冷漠、理智等情感。蓝色非常纯净，通常让人联想到海洋、天空和宇宙，是永恒、自由的象征。纯净的蓝色表现出一种美丽、文静、理智、安详与洁净。同时蓝色又是最冷的色彩，在特定的情境下，给人一种寒冷的感觉，象征着冷漠
紫色	具有高贵、优雅、浪漫、神秘、忧郁等情感。灰暗的紫色是伤痛、疾病的颜色，容易造成心理上的忧郁、痛苦和不安。明亮的紫色好像天上的霞光、原野上的鲜花、情人的眼睛，动人心魄，使人感到美好，因而常用来象征男女之间的爱情
黑色	具有恐怖、压抑、严肃、庄重、安静等情感。黑色使人容易产生忧愁、失望、悲痛、死亡的联想
白色	具有神圣、纯洁、坦率、爽朗、悲哀等情感。白色使人容易产生光明、爽朗、神圣、纯洁的联想
灰色	具有安静、柔和、暧昧、消极、沉稳等情感。灰色较为中性，象征知性、老年、虚无等，使人联想到工厂、都市、冬天的荒凉等

3.4 影调

影调是指图片或视频画面中的影像所表现出的明暗层次和明暗关系。影调是构成景物具体形象的基本要素，是构图造型、烘托气氛、表达情感的重要表现手段。在图片和视频拍摄中，影响画面影调的因素主要是光线的强度和角度的变化。

根据影调的明暗程度，画面的影调可以划分为亮调、暗调和中间调。在短视频中，这些影调与剧情内容紧密结合，可以形成一个影调的总倾向——基调。

3.4.1 亮调

以浅灰、白色及亮度等级偏高的色彩为主构成的画面影调称为亮调或明调。拍摄亮调画面宜选取明亮背景下的明亮主体来构成画面。为了获得明亮主体，多采用正面散射光或顺光照明，同时主体以白色及亮度等级偏高的色彩为主。亮调画面在构成上必须有少量的暗色或亮度等级低的色彩作对比映衬，形成一定的层次，使亮调更为突出。亮调画面中亮的部分面积大，以明为主，给人以明朗、纯洁、活泼、轻快的感觉。图 3-16 所示为亮调的视频画面效果。

图 3-16　亮调的视频画面效果

小贴士：　亮调画面构成的情节段落多用于表现特定的心理情绪，如幻觉、梦境、幻想或用于抒情场面，也可以表现欢乐、幸福、喜悦的情绪。

3.4.2　暗调

以深灰、黑色及亮度等级偏低的色彩为主构成的画面影调称为暗调或深调。拍摄暗调画面宜选取深暗背景下的深色主体来构成画面。为了获得深色主体，多采用侧光、逆光或顶光照明，同时主体以黑色及亮度等级偏低的色彩为主。暗调画面在构成上必须有少量的白色、浅灰色或亮度等级偏高的色彩，增加影调层次，以反衬大面积的暗调，使暗调更为突出。暗调画面中暗的部分面积大，以暗为主，给人以深沉、凝重、刚毅的感觉。图 3-17 所示为暗调的视频画面效果。

图 3-17　暗调的视频画面效果

小贴士：　暗调画面构成的情节段落多用于表现特定的心理情绪和环境气氛，如表现压抑、苦闷、恐惧的情绪或用于阴森、恐怖的场面。

3.4.3　中间调

中间调也称为标准调，画面明暗分布和明暗反差适中，影像层次丰富。中间调画面能够正常表现被拍摄对象的立体感、质感和色彩，是日常生活中最为常见的影调，易给观众真实、亲切的感受，是短视频作品中最常用的影调形式。

采用中间调拍摄时可采用多种方向的组合光照明，以避免光比过强、反差过大，但光线也不宜过于平淡，同时注意选择色彩亮度等级适中的景物入画。图 3-18 所示为中间调的视频画面效果。

图 3-18　中间调的视频画面效果

3.5　景别

景别是指由于拍摄设备与被摄物体的距离不同，从而造成被摄物体在视频画面中所呈现出的范围大小的区别。图 3-19 所示为不同景别的示意图。

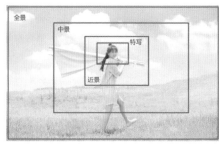

图 3-19　不同景别示意图

景别一般分为以下几类。

1. 远景

远景一般用来表现远离拍摄设备的环境全貌，展示人物及其周围广阔的空间环境、自然景色和群众活动大场面的镜头画面。它相当于从较远的距离观看景物和人物，视野宽广，能包容广大的空间，人物较小，背景占主要地位，画面给人以整体感，但细节部分不是很清晰。图 3-20 所示为视频中的远景画面效果。

2. 大全景

大全景包含整个拍摄主体及周边环境的画面，通常用来作为视频作品的环境介绍。

3. 全景

全景用来表现场景的全貌与人物的全身动作，在视频中用于表现人物之间、人与环境之间的关系。全景画面中包含整个人物形貌，既不像远景那样由于细节过小而不能很好地进行观察，又不会像中近景画面那样不能展示人物全身的形态动作。在叙事、抒情和阐述人物与环境关系的功能上，能起到独特的作用。图 3-21 所示为视频中的全景画面效果。

4. 中景

画框下边卡在膝盖左右部位或场景局部的画面称为中景画面。

中景是叙事功能最强的一种景别。在包含对话、动作和情绪交流的场景中，利用中景景别可以最有利、最兼顾地表现人物之间、人物与周围环境之间的关系。中景的特点决定了它可以更好地表现人物的身份、动作以及动作的目的。表现多人时，可以清晰地表现人物之间的相互关系。图 3-22 所示为视频中的中景画面效果。

图 3-20　视频中的远景画面效果

图 3-21　视频中的全景画面效果

5. 半身

当想让画面中的演员表现出更多情感，可以使用半身景别。半身是指画面底部要到人物腰部往上一点，头顶也要稍留空间。半身也可以称为"中近景"。图 3-23 所示为视频中的半身画面效果。

图 3-22　视频中的中景画面效果

图 3-23　视频中的半身画面效果

6. 近景

拍到人物胸部以上，或物体的局部称为近景。近景的屏幕形象是近距离观察人物的体现，所以近景能清楚地看清人物细微动作。近景着重表现人物的面部表情，传达人物的内心世界，是刻画人物性格最有力的景别，也是人物之间进行感情交流的景别。图 3-24 所示为视频中的近景画面效果。

7. 特写

画面的下边框在成人肩部以上的头像，或其他被拍摄对象的局部称为特写镜头。特写镜头被拍摄对象充满画面，比近景更加接近观众。

由于特写画面视角最小，视距最近，画面细节最突出，所以能够最好地表现对象的线条、质感、色彩等特征。特写画面把物体的局部放大开来，并且在画面中呈现这个单一的物体形态，所以使观众不得不把视觉集中起来，近距离仔细观察，有利于细致地对景物进行表现，也更易于被观众重视和接受。图 3-25 所示为视频中的特写镜头画面效果。

8. 大特写

大特写仅仅在景框中包含人物面部的局部，或突出某一拍摄对象的局部。一个人的头部充满银幕的镜头就被称为特写镜头，如果把摄影机推的更近，让演员的眼睛充满银幕的镜头就成为大特写镜头。大特写的作用和特写镜头是相同的，只不过在艺术效果上更加强烈。

图 3-24　视频中的近景画面效果　　　　图 3-25　视频中的特写镜头画面效果

3.6　运镜

在正式拍摄短视频之前，我们要能够理解短视频拍摄的专业运镜知识，这样有助于我们在短视频拍摄过程中更好地表现视频主题，表现出丰富的视频画面效果。

3.6.1　拍摄角度

选择不同的拍摄角度就是为了将被拍摄对象最有特色、最美好的一面反映出来。有时不同的拍摄角度会获得截然不同的视觉效果。

1. 平拍

平视拍摄是最接近人眼视觉习惯的视角，也是图片与视频拍摄中用得最多的拍摄角度。平视拍摄就是拍摄镜头与被摄主体都在同一水平线上，由于最接近人眼视觉习惯，所以拍摄出的画面会给人以身临其境的感觉。采用平视拍摄可以给人以平静、平稳的视觉感受。用平视角度来拍摄人物或者建筑物不容易产生变形，适合用在近景和特写的拍摄题材上。图 3-26 所示为平拍的画面效果。

图 3-26　平拍的画面效果

平视拍摄有利于突出前景，但主体、陪体、背景容易重叠在一起，对空间层次表现方面产生不利影响。因此，在平视拍摄时，要通过控制景深、构图来避免景物重叠在一起的现象出现。

2. 仰拍

一般情况下，仰拍是指拍摄设备处于低于拍摄对象的位置，与水平线形成一定的仰角，这样的拍摄角度能很好地表达出景物的高大形象。比如拍摄大树、高山、大楼等景物，由于采用的是仰视拍摄，使拍摄的主体形成上窄下宽的透视效果，这样的画面给人以高大挺拔的感觉。图 3-27 所示为仰拍的画面效果。

图 3-27　仰拍的画面效果

在仰视拍摄中，如果我们选用广角镜头拍摄，可以相比于普通镜头产生更加夸张的视觉透视效果，镜头离拍摄主体越近，透视效果会越明显，带给观众的夸张视觉冲击越强烈。另外，仰拍能很好地简化背景，因为仰拍是镜头向上，面对天空，可以很方便地简化拍摄主体杂乱的背景，从而突出主体。

3. 俯拍

俯拍是一种拍摄设备位置高于人的正常视觉高度向下拍摄的手法。将拍摄设备从较高的地方向下拍摄，与水平线形成一定的俯角，随着拍摄高度的增加，俯视角（俯视范围）也在变大。拍摄景物随着高度的增加，透视感不断增强。在理论上，景物最终会被压缩至零而呈现平面化的效果。图 3-28 所示为俯拍的画面效果。

图 3-28　俯拍的画面效果

在外景的俯拍中，高度和景别的配合可以选择任意的角度，来表现人与人、人与空间之间的关系。在大的空间中采用俯拍会让人体会到孤立无援的状态，例如一个人在沙漠上行走。一般情况下，俯视拍摄很少采用 90° 进行拍摄，但在一些特殊的场景中此手法却能给人带来更为出色的视觉冲击力，例如体现空间的狭小，这种竖直的俯拍也被称为"上帝之眼"。

4. 倾斜角度

选择倾斜视角进行拍摄，能够让画面看起来更加活泼、更具有戏剧性。在采用倾斜角度进行拍摄时，画面中最好不要有水平线，比如地平线、电线杆等，这些线条会让画面产生严重的失衡感，看起来很不舒服。图 3-29 所示为倾斜角度拍摄的画面效果。

5. 鸟瞰角度

鸟瞰镜头是一种以在天空中飞翔的鸟类视角为镜头视角的摄像位置。鸟瞰镜头往往用来表现壮观的巨大城市面貌、绵延万里的山川河流、万马奔腾的战场、一望无际的辽阔海面等。鸟瞰镜头使观众对视野中的事物产生极具宏观意义的情感。图 3-30 所示为鸟瞰角度拍摄的画面效果。

图 3-29　倾斜角度拍摄的画面效果

图 3-30　鸟瞰角度拍摄的画面效果

3.6.2　固定镜头拍摄

固定镜头拍摄是指在摄像机的位置不动、镜头光轴方向不变、镜头焦距长度不变的情况下进行的拍摄。固定镜头这种"三不变"的特点，决定了镜头画框处于静止状态。需要注意的是，虽然画框不变，但画面表现的内容对象可以是静态的，也可以是动态的。固定镜头画框的静态给观众以稳定的视觉感受，保证了观众在视觉生理和心理上得以顺利接受画面传达的信息。图 3-31 所示为资讯类短视频截图，这样的短视频通常采用固定镜头拍摄。

图 3-31　固定镜头拍摄的画面效果

固定镜头是短视频作品中最基本、应用最广泛的镜头形式，一切运动形式都是以静止为前提的。因此，固定镜头拍摄是运动镜头拍摄的前提和基础。拍摄者只有掌握了固定镜头拍摄的技能，才可能更好地运用运动镜头拍摄。下面介绍几个固定镜头拍摄的小技巧。

1. 镜头要稳

固定镜头画框的静态性要求固定镜头拍摄的画面要稳定，否则就会影响到画面内容的质量。凡是有条件的都应该尽可能使用三脚架或其他固定摄像机身的方式进行拍摄。

2. 静中有动

由于固定镜头画框不动，构图保持相对的静止形式，容易产生画面呆板的感觉，因此要特别注意捕捉或调动画面中的活动元素，做到静中有动、动静相宜，让固定镜头也充满生机和活力。

3. 合理构图

固定镜头表现更接近绘画和摄影，因而也更注重构图。在拍摄时，选择拍摄的方向、角度、距离，注意前后景的安排以及光线与色彩的合理运用，实现画面的形式美，增强画面的艺术性和可视性。

3.6.3　运动镜头拍摄

运动镜头拍摄主要包括推镜头、拉镜头、摇镜头、移镜头、跟镜头、升降镜头和综合镜头等形式。

1. 推镜头

推镜头是指移动摄像机或使用可变焦距的镜头由远及近地向被拍摄主体不断接近的拍摄方式。

推镜头有两种方式：一种是机位推，即摄像机的焦距不变，通过自身的物理运动，越来越靠近被拍摄主体，往往用于描述纵深空间；另外一种是变焦推，即在机位不变的情况下，通过镜头做光学运动，即变焦环由广角到长焦的转换，将画面中的被拍摄主体放大，常用于表现静态人物的心理变化。当然也可以综合两种运用方法，机位推进同时变焦推进。图 3-32 所示为推镜头在短视频拍摄中的应用。

图 3-32　推镜头在短视频拍摄中的应用

2. 拉镜头

拉镜头和推镜头拍摄正好相反，拉镜头是摄像机不断远离被拍摄主体或变动焦距（由长焦到广角）由近及远地离开被拍摄主体的拍摄方式。

拉镜头也有两种方式：一种是机位拉，即摄像机的焦距不变，通过自身的物理运动，越来越远离被拍摄主体的拍摄方式，适合展现开阔的视野场景；另外一种是变焦拉，即在机位不变的情况下，通过镜头做光学运动，即变焦环由长焦转换到广角，将画面中的被拍摄主体缩小，适用于较小空间关系中人物拍摄、景别处理的变化。

3. 摇镜头

摇镜头是指在摄像机的机位不变而改变镜头拍摄的轴线方向的拍摄方式。这是一种类似于人站定不动，只转动头部环顾四周观察事物的方式。摇镜头可以左右摇、上下摇、斜摇或者旋转摇。图 3-33 所示为摇镜头在短视频拍摄中的应用。

4. 移镜头

移镜头是指摄像机的机位发生变化，边移动边拍摄的方式。移镜头包括以下三种：一是横移，摄像机运动方向与拍摄主体运动方向平行；二是纵深移，摄像机在拍摄主体运动轴线上同步纵向运动（前距或后跟）；三是曲线移，随着拍摄主体的复杂运动而做曲线移动。图 3-34 所示为移镜头在短视频拍摄中的应用。

图 3-33 摇镜头在短视频拍摄中的应用

图 3-34 移镜头在短视频拍摄中的应用

5. 跟镜头

跟镜头是指摄像机始终跟随着运动的被拍摄主体一起运动而进行的拍摄方式。跟镜头的运动方式可以是"摇跟"，也可以是"移跟"。跟拍使处于动态中的主体始终体现在画面中，而周围环境可能发生相应的变换，背景也会产生相应的流动感。图 3-35 所示为跟镜头在短视频拍摄中的应用。

图 3-35 跟镜头在短视频拍摄中的应用

6. 升降镜头

升降镜头是指摄像机借助升降设备做上下空间位移而进行的拍摄方式。升降镜头可以多视点表现空间场景，其变化的技巧有垂直升降、弧形升降、斜向升降和不规则升降 4 种类型。图 3-36 所示为升降镜头在短视频拍摄中的应用。

7. 甩镜头

甩镜头是指急速地快摇摄像机镜头的拍摄方式，它是摇镜头拍摄的一种特殊拍法。通常是前一个画面结束后不停机，镜头快速摇转向另一个画面，被拍摄对象发生急剧变化而变得模糊不清，从而迅速改变视点。类似于我们观察事物时突然将头转向另一事物，可以强调空间的转换和同一时间内在不同场景中所发生的并列情景。图 3-37 所示为甩镜头在短视频拍摄中的应用。

图 3-36　升降镜头在短视频拍摄中的应用

图 3-37　甩镜头在短视频拍摄中的应用

8. 综合镜头

综合镜头是指在一个镜头内将推、拉、摇、移、跟、升降等多种形式的拍法有机地结合起来使用的拍摄方式。

综合镜头大致可以分为 3 种形式：第一种是"先后"式，即按运动镜头的先后顺序进行拍摄，如推摇镜头就是先推后摇；第二种是"包含"式，即多种运动镜头拍摄方式同时进行，如边推边摇、边移边拉；第三种是"综合"式，即一个镜头内综合前两种拍摄方式。

3.7　画面的结构元素

一个内容完整的镜头画面的结构元素主要包括主体、陪体、环境（前景、背景）和留白等，本节将分别对图片和短视频画面的结构元素进行介绍。

3.7.1　主体

主体是图片和视频画面的主要表现对象，是思想和内容的主要载体和重要体现。主体既是表达内容的中心，也是画面的结构中心，在画面中起主导作用。主体还是拍摄者运用光线、色彩、运动、角度、景别等造型手段的主要依据。因此，构图的首要任务就是明确画面的主体。

视频画面主体往往处于变化之中。在一个画面里，可以始终表现一个主体，也可以通过人物的活动、焦点的虚实变化、镜头的运动等不断改变主体形象。图 3-38 所示为以人物为表现对象的主体画面。

小贴士： 主体可以是人或物，也可以是个体或群体。主体可以是静止的，也可以是运动的。

图 3-38　以人物为表现对象的主体画面

1. 主体在画面中的作用

（1）主体在内容上占有绝对重要的地位，承担着推动事件发展、表达主题思想的任务。

（2）主体在构图形式上起主导作用，主体是视觉的焦点，是画面的灵魂。

2. 主体的表现方法

突出画面主体有两种方法：一是直接表现，二是间接表现。

直接表现就是在画面中给主体以最大的面积、最佳的照明、最醒目的位置，将主体以引人注目、一目了然的结构形式直接呈现给观众。间接表现的主体在画面中占据的面积一般都不大，但仍是画面的结构中心，有时容易被忽略，可以通过环境烘托或气氛渲染来反衬主体。

在实际拍摄过程中，突出主体的常见方法有以下几种。

（1）运用布局。通过合理的构图设计处理好主体与陪体的关系，使画面结构主次分明。最常见的运用布局突出主体的构图方式有以下几种。

第一，大面积构图。主体直接安排在画面最近处，使主体在画面中占据较大的面积，如图 3-39 所示。

第二，中心位置构图。将主体安排在画面的几何中心，即画面对象线相交的点及附近区域，这是画面的中心位置，也是观众视线最集中的视觉中心，如图 3-40 所示。

图 3-39　大面积构图突出主体　　　　图 3-40　中心位置构图突出主体

第三，九宫格构图。将被摄主体安排在画面九宫格交叉点或交叉点附近的位置上，这些点就是视觉中心点，容易被眼睛关注，符合人们的视觉习惯，也容易与其他物体形成呼应关系，是一种完美的构图方式，如图 3-41 所示。

第四，三角形构图。画面中排列的三个点或被摄主体的外形轮廓形成一个三角形，也称为金字塔构图，这种构图给人以稳定、均衡的感觉，如图 3-42 所示。

图 3-41　九宫格构图突出主体　　　　　　图 3-42　三角形构图突出主体

（2）运用对比。通过运用各种对比手法来突出主体，常见的对比手法有以下几种。

第一，利用摄像机镜头对景深的控制，产生物体间的虚实对比，从而突出主体，如图 3-43 所示。

第二，利用动与静的对比，以周围静止的物体衬托运动的主体，或在运动的物体群中衬托静止的主体，如图 3-44 所示。

图 3-43　虚实对比突出主体　　　　　　图 3-44　动静对比突出主体

第三，利用影调、色调的对比刻画主体形象，使主体与周围其他事物在明暗或色彩上形成对比，以突出主体，如图 3-45 所示。

图 3-45　利用影调、色调对比突出主体

第四，利用大小、形状、质感，繁简等对比手段，使主体形象鲜明突出。

（3）运用引导。通过运用各种画面造型元素将观众的注意力引导到被摄主体上，常用的引导方法有以下几种。

第一，光影引导。利用光线、影调的变化将观众的视线引导到主体上。

第二，线条引导。利用交叉线、汇聚线、斜线等线条的变化将观众的视线引导到主体上。

第三，运动引导。利用摄像机的镜头运动或改变陪体的动势，将观众的视线引导到主体上。

第四，角度引导。利用仰拍，强化主体的高度，突出主体的形象；利用俯拍所产生视觉向下集中的趋势，形成某种向心力，将观众的视线引导到主体上。

3.7.2 陪体

陪体是指与画面主体密切相关并构成一定情节的对象。陪体在画面中与主体构成特定的关系，可以辅助主体表现主题思想。图 3-46 所示的短视频画面中，人物是主体，大象是陪体。

图 3-46 视频中的主体与陪体

1. 陪体在画面中的作用

（1）衬托主体形象，渲染气氛，帮助主体展现画面内涵，使观众正确理解主题思想。例如教师讲课的情景，作为陪体的学生在专心听课，就能说明教师上课具有教学吸引力。

（2）陪体可以与主体形成对比，在构图上起到均衡和美化画面的作用。

2. 陪体的表现方法

在实际拍摄中，表现陪体的常见方法有以下两种。

（1）陪体直接出现在画面内与主体互相呼应，这是最常见的表现方式。

（2）陪体放在画面之外，主体提供一定的引导和提示，靠观众的联想来感受主体与陪体的存在关系。这种构图方式可以扩大画面的信息容量，让观众参与画面创作，引起观众的观赏兴趣。

需要注意的是，由于陪体只起到衬托主体的作用，因此陪体不可以喧宾夺主，在拍摄构图处理上，它在画面中所占的面积大小、色调强度、动作状态等，都不能强于主体。

小贴士： 视频画面具有连续活动的特性，通过镜头运动和摄像机位的变化，主体陪体之间是可以相互转换的。例如，从教师讲课的镜头摇到学生听课的镜头，学生便由原来的陪体变成了新的主体。

3.7.3 环境

环境是指画面主体周围景物和空间的构成要素。环境在画面中的作用主要是展示主体的活动空间，可以表现出时代特征、季节特点和地方特色等。特定的环境还可以表明人物身份、职业特点、兴趣爱好等情况，以及烘托人物的情绪变化。环境包括前景和背景。

1. 什么是前景

前景是指在视频画面中位于主体前面的人、景、物，前景通常处于画面的边缘。图 3-47 所示的短视频画面中，花朵为前景。图 3-48 所示的短视频画面中，经幡为前景。

图 3-47　花朵为前景　　　　　　　　　　　　　图 3-48　经幡为前景

2. 前景在画面中的作用

（1）前景可以与主体之间形成某种特定含义的呼应关系，以突出主体、推动情节发展、说明和深化所要表达的主题的内涵。

（2）前景离摄像机的距离近、成像大、色调深，与远处景物形成大小、色调的对比，可以强化画面的空间感和纵深感。

（3）利用一些富有季节特征或地域特色的景物做前景，可以起到表现时间概念、地点特征、环境特点和渲染气氛的作用。

（4）均衡构图和美化画面。选用富有装饰性的物体做前景，如门窗、厅阁、围栏、花草等，能够使画面具有形式美。

（5）增加动感。活动的前景或者运动镜头所产生的动感前景，能够很好地强化画面的节奏感和动感。

3. 前景的表现方法

在实际拍摄中，一定要处理好前景与主体的关系。前景的存在是为了更好地表现主体，不能喧宾夺主，更不能破坏、割裂整个画面。因此，前景可以在大小、亮度、色调、虚实各方面采取比较弱化的处理方式，使其与主体区分开来。需要的时候，前景可以通过场面调度和摄像机位变化变为后景。

🖌 小贴士：　需要注意的是，并不是每个画面都需要前景，所选择的前景如果与主体没有某种必然的关联和呼应关系，就不必使用。

4. 什么是背景

背景主要是指画面中主体后面的景物，有时也可以是人物，用以强调主体环境，突出主体形象，丰富主体内涵。一般来说，前景在视频画面中可有可无，但背景是必不可少的，背景是构成环境、表达画面内容和纵深空间的重要成分。常选择一些富有地方特色与时代特征的背景，如北京的天安门、上海的东方明珠塔等来交代主体的地点。图 3-49 所示的短视频画面中，远山、天空构成了画面的背景。

5. 背景在画面中的作用

（1）背景可以表明主体所处的环境、位置，渲染现场氛围，帮助主体揭示画面的内容和主题。

（2）通过背景与主体在明暗、色调、形状、线条及结构等方面的造型对比，可以使画面产生多层景物的造型效果和透视感，增强画面的空间纵深感。

（3）表达特定的环境，刻画人物性格，衬托、突出主体形象。

图 3-49　短视频的画面背景

6. 背景的表现方法

在图片和视频拍摄过程中，要注意处理好背景与主体的关系。背景的影调、色调、形象应该与主体形成恰当的对比，不能过分突出影响主体的内容，不能喧宾夺主。当背景影响到主体的表现时，可以通过适当控制景深、变幻虚实等方式来突出主体。

如果没有特殊的要求，画面背景应该坚持减法原则，利用各种艺术手段和技术手段对背景进行简化，力求画面的简洁。

3.7.4　留白

留白是指画面看不出实体形象，趋于单一色调的画面部分，如天空、大海、大地、草地或黑、白、单一色调等。留白其实也是背景的一部分。图 3-50 所示的短视频画面中，海水部分构成了画面的留白。

图 3-50　视频画面中的留白

1. 留白在画面中的作用

（1）主体周围的留白使画面更为简洁，可以有效地突出主体形象。

（2）画面中的留白是为了营造某种意境，让观众产生更多的联想空间。

（3）画面中的留白可以使画面生动活泼，没有任何留白的画面会使人感到压抑。

2. 留白的表现方法

一般情况下，人物视线方向的前方、运动主体的前方、人物动作方向、各个实体之间都应该适当留白。这样的构图符合人们的视觉习惯和心理感受，这点在短视频拍摄时要多加注意。留白在画面中所占的比例不同，会使画面产生不同的意义。画面留白占据较大的面积时，重在写意；画面留白占据面积较小时，重在写实。另外，留白在画面中要分配得当，尽可能避免留白和实体面积相等或对称，做到各个实体的和谐统一。

小贴士：　需要注意的是，并不是所有的视频画面都具备上述的各个画面要素。实际拍摄时，需要根据画面内容合理地安排陪体、环境和留白。但无论如何，运用这些结构元素的目的都是为了突出主体、表达主题。

3.8　构图形式

图片与视频画面的构图是指为了表现某一特定内容和视觉美感效果，将场景空间中动态和静态的拍摄对象按时间顺序和空间顺序有机地组合在画面中，并运用摄影的各种造型手段呈现的一种画面结构形式。被拍摄主体在画面中的表现是否形象生动、画面形式是否变化而统一，取决于构图处理手法以及光影、明暗、线条和色彩等诸多造型元素的运用。

3.8.1　静态构图

静态构图是指使用固定镜头拍摄静止的被拍摄对象和处于静止状态的运动对象的一种构图形式，它是短视频画面构图的基础。

静态构图具有如下几个特点。

（1）表现静态对象的性质、形态、体积、规模、空间位置。

（2）画面结构稳定，在视觉效果上有一种强调意义。特定拍摄人物时能够表现出人物的神态、情绪和内心世界，全景或远景拍摄景物时能够展现出画面的意境。

（3）画面给人以稳定、宁静、庄重的感觉，但长时间的静态构图容易产生呆板沉闷的感觉。

（4）画面主体与陪体以及他们和环境的关系非常清晰。

3.8.2　动态构图

动态构图是指短视频画面中的表现对象和画面结构不断发生变化的构图形式。动态构图在各类短视频作品中得到广泛运用，它是短视频最常用的构图形式。当使用固定镜头拍摄运动的主体或使用运动镜头拍摄时都可以获得动态构图。动态构图形式多样，强调的是构图视觉结构变化和画面形式变化，给观众以更多的信息量。

动态构图具有如下几个特点：

（1）可以详细地表现动态人物的表情以及对象的运动过程。

（2）对被拍摄对象的表现往往是逐次展现，其完整的视觉形象靠视觉积累形成。

（3）画面中所有造型元素都在变化之中，例如光色、景别、角度、主体在画面中的位置、环境、空间深度等都在变化之中。

（4）运动速度不同，可以表现不同的情绪和多变的画面节奏。

3.8.3　封闭式构图

封闭式构图是指在构图时将主体放置在画面的几何中心或趣味中心位置的一种构图形式。封闭式构图在画框范围内包含了所要表现的主体的全部内容，画面内的主体是独立而完整的。追求的是画面内容的统一、完整、和谐、均衡等视觉效果。主体、景物与画框外界的空间基本不构成联系。图 3-51 所示为封闭式构图的视频画面效果。

封闭式构图具有如下几个特点。

（1）主体的完整性。画面内的主体独立、统一、完整，观众的视觉和心理感觉完全被限定在画框内的主体上。

（2）注重构图的均衡性，使观众获得视觉上和心理上的稳定感。

图 3-51　封闭式构图的画面效果

小贴士：　封闭式构图适用于风格和谐、严谨的纪实性专题片和抒情风光片。封闭式构图也有助于塑造严肃、庄重、优美、平静、稳健等感觉色彩的人物或生活场面。

3.8.4　开放式构图

开放式构图是指在构图时不限定主体在画面中所处的位置的一种构图形式。开放式构图不强调构图的完整性、均衡性和统一性，而是着重表现画框内的主体与画框外可能存在的人物或景物之间的内在的联系，引导观众对画外空间产生联系和想象。图 3-52 所示为开放式构图的视频画面效果。

图 3-52　开放式构图的画面效果

开放式构图具有如下几个特点。

（1）主体往往是不完整的，表现出一种视觉独特的构图艺术。

（2）构图往往是不均衡的，观众可以通过想象画框外有着与画框内主体相关联事物的存在，实现心理上的均衡。

（3）表现的重点是主体与画框外空间的联系，引导观众关注画外空间，引发观众思考与参与画面意义的构建。

小贴士：　开放的大构图适用于表现以动作、情节、生活场景为主题的短视频内容。

3.9　构图方法

拍摄视频与拍摄照片相似，都需要对画面中的主体进行恰当地定位，使画面看上去更加和谐舒适，这便是构图。在拍摄时，成功的构图能够使作品重点突出，有条有理且富有美感，令人赏心悦目。

3.9.1　中心构图

中心构图是一种简单且常见的构图方式，通过将主体放置在相机或手机画面的中心进行拍摄，能更好地突出视频拍摄的主体，让观众一眼看到图片或视频的重点，从而将目光锁定在对象上，了解对象想要传递的信息。

中心构图拍摄最大的优点在于主体突出、明确，而且画面容易达到左右平衡的效果，并且构图简练，非常适合用来表现物体的对称性。图 3-53 所示为采用中心构图的画面效果。

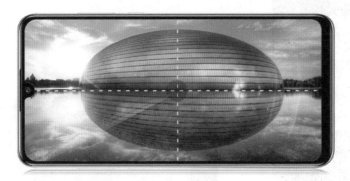

图 3-53　中心构图的画面效果

3.9.2　三分线构图

三分线构图是指将视频画面按横向或纵向分为 3 个部分，在拍摄视频时，将对象或焦点放在三分线的某一位置上进行构图取景，让对象更加突出，画面具有层次感。三分线构图是一种经典且简单易学的拍摄构图技巧。

三分线构图一般是将视频拍摄主体放在偏离画面中心 1/6 处，使画面不至于太枯燥和呆板，还能突出视频拍摄的主题，使画面紧凑有力。此外，使用该构图方式还能使画面具有平衡感，使画面左右或上下更加协调。图 3-54 所示为采用三分线构图的视频画面效果。

图 3-54　三分线构图的画面效果

小贴士： 说起构图，最基本的就是要能维持画面的横平竖直，找到画面的平衡点。因此，在拍摄时打开手机相机的内置网格，作为拍摄参考就很有必要了。

如今的智能手机基本都内置九宫格网格线，不仅可以帮助用户在拍摄时轻松找到水平线，还能使三分线构图、九宫格构图等拍摄方式变得简单易行。下面简单介绍一下如何启用手机的内置拍摄网格。

进入手机中的"相机"应用设置界面，找到"参考线"选项（注意，有些手机中可能名称为"网格"选项），开启该选项功能，如图3-55所示。开启"参考线"功能之后，打开手机自带相机进行图片或视频拍摄，会发现界面中出现九宫格参考线，如图3-56所示。

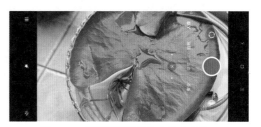

图 3-55　开启"参考线"选项　　　　　图 3-56　拍摄界面显示九宫格参考线

3.9.3　九宫格构图

九宫格构图又称为井字形构图，是拍摄中重要且常见的一种拍摄形式。九宫格拍摄视频就是把画面当作一个有边框的区域，横竖各两条线将画面均匀分开，形成一个"井"字。

这四条直线为画面的黄金分割线，四条线所交的点为画面的黄金分割点，也可称之为趣味中心，将主体放在趣味中心上就是九宫格构图。

图3-57所示的画面就是比较典型的九宫格构图，作为主体的荷花被放在了黄金分割点的位置，整个画面看上去非常有层次感。

图 3-57　九宫格构图的画面效果

此外，使用九宫格构图拍摄视频，能够使视频画面相对均衡，拍摄出来的视频也比较自然和生动。

小贴士：　九宫格构图中一共包含 4 个趣味中心，每一个趣味中心都将视频拍摄主体放在偏离画面中心的位置上，既能优化视频空间感，又能很好地突出视频拍摄主体，是十分实用的构图方法。

3.9.4　黄金分割构图

黄金分割构图是视频拍摄中运用非常广泛的构图方法。当作品中主体对象的摆放位置符合黄金分割原则时，画面会呈现和谐的美感。

在视频拍摄中，黄金分割可以表现为对角线与它的某条垂直线的交点，我们可以用线段表现视频画面的黄金比例，对角线与相对顶点的垂直线的交点，即垂足就是黄金分割点，如图 3-58 所示。

除此之外，还有一种特殊的表达方法，即黄金螺旋线，它是以每个正方形的边长为半径所延伸出来的一个具有黄金数字比例美感的螺旋线，如图 3-59 所示。

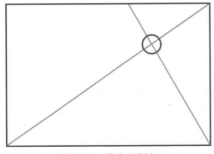

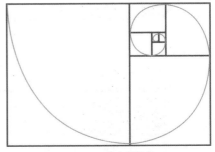

图 3-58　黄金分割点　　　　　　　　　图 3-59　黄金螺旋线

黄金分割构图，可以在突出视频拍摄主体的同时，使观众在视觉上感到十分舒适，从而产生美的感受。图 3-60 所示为采用黄金分割构图的视频画面效果。

图 3-60　黄金分割构图的画面效果

3.9.5　前景构图

前景构图是指拍摄者在拍摄短视频时，利用拍摄主体与镜头之间的景物进行构图的一种视频拍摄方式，即视频拍摄主体前面有一定的景物。前景构图拍摄视频可以增加画面的层次感，在使视频画面内容更加丰富的同时，又能很好地展现视频拍摄的主体。

前景构图分为两种情况。一种是将拍摄主体作为前景进行拍摄，如图 3-61 所示，将拍摄主体——花朵直接作为前景进行拍摄，不仅使视频主体更加清晰醒目，而且还使视频画面更有层次感，背景则做虚化处理。另一种就是将除视频拍摄主体以外的物体作为前景进行拍摄，如图 3-62 所示，利用黄色的花朵作为前景，让观众在视觉上有一种向里的透视感的同时，又有一种身临其境的感觉。

图 3-61 拍摄主体作为前景的画面效果

图 3-62 拍摄主体以外的物体作为前景的画面效果

3.9.6 框架构图

在取景时，可以有意地寻找一些框架元素，如窗户、门框、树枝、山洞等。在选择好边框元素后，调整拍摄角度和拍摄距离，将主体景物安排在边框之中即可。图 3-63 所示为采用框架构图的视频画面效果。

小贴士： 需要注意的是，在拍摄时有些框架元素会很明显地出现在我们的视野中，比如最常见的窗户、门框等景物，但有些框架元素并不会很明显地出现，比如在拍摄一些风光景色时，有些倾斜的树枝可以当作框架。

图 3-63　框架构图的画面效果

3.9.7　光线构图

在视频拍摄中所用到的光线有很多，如顺光、侧光、逆光、顶光这 4 类常见的光线。光线带给手机视频拍摄的不仅是让人能够看见视频拍摄主体，利用好光线还可以使视频画面呈现出不一样的光影艺术效果。图 3-64 所示为采用光线构图的视频画面效果。

图 3-64　光线构图的画面效果

3.9.8　透视构图

透视构图是指视频画面中的某一条线或某几条线由近及远形成的延伸感，能使观众的视线沿着视频画面中的线条汇聚到一点。

短视频拍摄中的透视构图可大致分为单边透视和双边透视两种。单边透视是指视频画面中只有一边带有由远及近形成延伸感的线条，如图 3-65 所示；双边透视则是指视频画面两边都带有由远及近形成延伸感的线条，如图 3-66 所示。

视频拍摄中的透视构图可以增强视频画面的立体感，而且透视本身就有近大远小的规律。视频画面中近大远小的事物组成的线条或者本身具有的线条能让观众沿着线条指向的方向去看，有引导观众视线的作用。

图 3-65　单边透视构图的画面效果

图 3-66　双边透视构图的画面效果

3.9.9　景深构图

　　景深是当某一物体聚焦清晰时，从该物体前面到其后面的某一段距离内的所有景物也都是相当清晰的，焦点相当清晰的这段前后的距离叫作景深，而其他的地方则是模糊（虚化）的效果。图 3-67所示为采用景深构图的视频画面效果。

图 3-67　景深构图的画面效果

3.10　本章小结

　　前期拍摄是短视频创作的基础，只有出色地完成短视频素材的拍摄，才能够通过后期编辑处理创作出出色的短视频作品。本章主要对图片与视频前期拍摄的相关内容进行了介绍，主要包括拍摄画面中光线、色彩、影调的相关知识，以及景别、拍摄运镜、画面的结构元素以及画面构图等。通过本章的学习，读者还需要进一步体会理解，使自己能够将所学习的知识合理运用到图片与视频的拍摄过程中。

第4章 视频剪辑原理

完成短视频的拍摄之后还需要对短视频进行后期的剪辑创作。根据分镜头脚本拍摄的原始素材画面和收录的原始素材声音，结合文字剧本内容，全面把握总体创作意图和特殊要求，对全片的结构、语言、节奏进行调整、增删、修饰和补充，形成一部内容和形式和谐统一、结构严谨、语言准确、节奏流畅、主题鲜明的短视频作品。

本章将讲解短视频后期剪辑制作的相关知识。包括短视频剪辑的基本思路、镜头组接技巧、短视频声音处理、短视频节奏处理、短视频色调处理和短视频字幕处理等内容，使读者能够理解并掌握短视频后期编辑处理的方法和技巧。

4.1 剪辑的原则与标准

剪辑是指综合运用蒙太奇手法将孤立的镜头组接起来，形成前后承接的关系，用以表达具体而确定的含义。剪辑是一项技术性和艺术性兼顾的工作，将不同的镜头组接在一起，表达短视频的主题、抒发情感、营造美感。

4.1.1 剪辑的基本原则

视频后期剪辑应该根据导演或编导的创作意图，综合运用蒙太奇手法进行视频画面的镜头组接，阐述不同的画面意义和思想内涵。视频后期剪辑不能随心所欲，应该遵循以下几点基本原则。

1. 因果与逻辑原则

镜头组接需要遵循事物发展的基本逻辑与因果关系。

正常情况下，绝大多数叙事镜头均需要按照时间的顺序进行组接，不能按时间组接的镜头，也要符合事物发展的基本因果关系。例如，在一些影视作品中，我们会经常看到这样两组镜头：一是某人开枪，另一人中弹倒下；二是某人中弹倒下，在他身后，另一人手中的枪膛里正冒着一缕青烟。前一种镜头组接方式先交代动作，后交代这一动作产生的结果，这基于时间顺序叙事，符合日常生活体验；而后一种镜头组接方式则先给出事情的结果，然后再交代原因，制造一定的悬念，虽然不符合生活中的时间顺序，但符合事件发生的内在逻辑。

因此，镜头组接必须符合基本的因果联系和日常生活逻辑，这是观众能够接受和理解作品的前提。

2. 时空一致性原则

短视频画面向人们传达的视觉信息具有多种构成要素，包括环境、主体动作、画面结构、景深、拍摄角度、不同焦距镜头的成像效果等。因此，两幅画面在衔接时，画面中的各种元素要有一种和谐对应的关系，使人感到自然、流畅，不会产生视觉上的间断感和跳跃感。

3. 180°轴线原则

所谓"轴线"，可被视为被拍摄主体的运动方向、视线方向和不同对象之间关系的一条假想连接线。通常，相邻的两个镜头需要保持轴线关系一致，即画面主体在空间位置、视线方向及运动方向上必须保持一致性和连贯性。

4. 观众心理原则

观众在观看短视频时，多处于积极、活跃的思维活动中，他们不仅希望能够获得信息，还时常幻想将自己置身于情节之中，受其感染并产生共鸣，从而获得美的享受。要满足观众的观赏心理和审美需求，需要做到以下几个方面。

（1）景别匹配、循序渐进。前后镜头组接在一起时，需要相互协调，使两个画面连接在一起时处于一种自然和谐的关系之中，而近景、中景、远景之间的循序渐进的切换是绝大多数叙事镜头常用的剪接方式。

（2）适时使用主观镜头和反应镜头。一般情况下，当某一个画面中的主体有明显的观望动作时，观众会产生好奇心，这时如果接一个相应的主观镜头，就可以满足观众的心理诉求和好奇心。图 4-1 所示为在短视频中使用的主观镜头和反应镜头。

图 4-1　使用主观镜头和反应镜头

（3）避免跳切。在组接镜头时，需要尽量避免将机位、景别和拍摄角度方面具有明显区别的镜头组接在一起，这种效果被称为"跳切"，这会令观众感觉突兀、不自然、不正常。

5. 影调与色调统一原则

镜头组接要保持影调和色调的连贯性，尽量避免出现没有必要的光色跳动。在镜头组接时，需要遵循"平稳过渡"的变化原则，如果必须将影调和色调对比过于强烈的镜头组接在一起，则通常要安排一些中间影调和色调的衔接镜头进行过渡，也可以通过编辑软件添加一个叠化效果进行缓冲。图 4-2 所示为影调和色调统一的镜头组接。

图 4-2　影调和色调统一的镜头组接

6. 声音与画面匹配原则

镜头组接要注意声音和画面的配合。声音和画面各有其独特的表现特性，二者有机结合，才能更好地表现短视频作品。

4.1.2　视频剪辑的基本思路

在开始短视频剪辑之前，思路分析是必不可少的环节，剪辑思路的确定直接影响短视频的质量和剪辑效果。无论是街拍、旅拍还是已经确定剧情的故事片，剪辑师心中都要有明确的剪辑目标。视频类型不同，剪辑思路也不同。

下面主要介绍旅拍、生活和故事类短视频的剪辑思路。

1. 旅拍类短视频的剪辑思路

由于旅行拍摄的不确定性，在拍摄过程中很多内容并不在计划之内，除了已定的拍摄路线和目标拍摄物之外，多数内容需要摄影师在旅行过程中根据场景的实际内容即兴发挥。

这种拍摄的未知性留给后期制作的是开放式的剪辑条件，即便是在开放式的环境下，同样也有一定的规律可循。下面介绍 3 种比较典型的剪辑手法。

（1）排比剪辑法。

排比剪辑法通常应用于多组不同场景、相同角度、相同行为的镜头的组接。图 4-3 所示的一组镜头就可以使用排比法进行镜头组接。

图 4-3　可以使用排比法组接的一组镜头

（2）相似物剪辑法。

以不同场景、不同物体、相似颜色或形状进行视频素材的组接。例如，飞机和飞鸟，如图 4-4所示；摩天轮和镜头，如图 4-5 所示。

（3）逻辑剪辑法。

物体 A 和物体 B 动作衔接匹配、镜头 A 和镜头 B 相关或相连贯运动的匹配。例如，跳水运动和溅起的水花存在逻辑关系，如图 4-6 所示；扣篮动作和体育场存在逻辑关系，如图 4-7 所示。

图 4-4　飞机和飞鸟镜头

图 4-5　摩天轮和镜头

图 4-6　跳水运动和溅起水花

图 4-7　扣篮动作和体育场

2. 生活类短视频的剪辑思路

生活类短视频通常以"第一人称"的形式去记录拍摄者生活中所发生的事情，这类视频主要以时间、地点、事件为录制顺序，录制时间比较长，一般在几个小时甚至十几个小时左右，通常会记录下整件事情的所有经过，通过讲述的形式对视频展开讲解。

在后期剪辑时面对巨大的素材量，这时遵循的剪辑思路是减法原则，也就是在现有视频的基础上尽量删除没有意义的片段，但要保证短视频整体的故事性。

3. 故事类短视频的剪辑思路

故事类短视频剪辑不同于旅拍、街拍短视频剪辑，可以根据自己的喜好随意发挥。故事类短视频是依据剧本的情节发展拍摄的，由大量单个镜头组成，剪辑的难度也相对较大。

一般在剪辑之前首先要熟悉剧本，对剧情的发展方向有一个大致的了解。除了少部分创意片外，一般剧情都遵循开端、发展、高潮、结局的内容架构，在剧情框架的基础上加入中心思想、主题风格、导演意向、剪辑创意等元素。

这些元素的确定也就确定了短视频的基本风格，最后根据短视频的基本风格挑选合适的音乐，确定短视频的大概时长。以上便是在剪辑故事类短视频之前必须要考虑的问题。

4.2　视频镜头画面的组接

一部完整的短视频作品是由一系列镜头画面构成的，镜头组接的合理与否会直接影响短视频作品的最终内容表达和艺术表现。

4.2.1　镜头组接的剪辑技巧

在短视频后期剪辑过程中，创作者可以利用相关软件和技术，在需要组接的镜头画面中或画面之间使用剪辑技巧，使镜头之间的转换更为流畅、平滑，还可产生一些依靠直接组接无法实现的视觉及心理效果。常用的镜头组接技巧有淡入淡出、叠化、划像、画中画、抽帧等。

1. 淡入淡出

淡入淡出也称为渐显渐隐，在视觉效果上体现为：在下一个镜头的起始处，画面的亮度由零点逐渐恢复到正常的强度，画面逐渐显现，这一过程叫淡入；在上一个镜头的结尾处，画面的亮度逐渐减到零点，画面逐渐隐去，这一过程叫淡出。淡入淡出是短视频作品表现时间和空间间隔的常用手法，持续时间一般各为 2 秒钟左右。

图 4-8 所示为在短视频中上一个场景逐渐淡出为黑色，下一个场景再逐渐淡入。

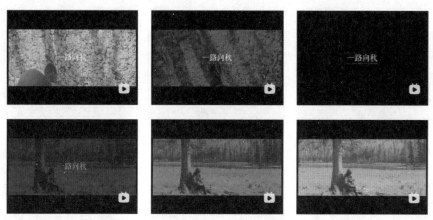

图 4-8 淡出淡入的镜头组接

小贴士： 需要注意的是，由于淡入淡出技巧对时间、空间的间隔暗示作用相当明显，因此在镜头组接时不宜过多使用，否则会使画面的衔接显得十分零碎、松散，还会令作品的节奏拖沓、缓慢。

2. 叠化

叠化是指前一镜头逐渐模糊、直至消失，而后一镜头逐渐清晰，直至完全显现，两个镜头在渐隐和渐显的过程中，有短暂的重叠和融合。叠化的时间一般为 3 ～ 4 秒钟。图 4-9 所示为在短视频中使用叠化技巧进行镜头组接。

图 4-9 使用叠化技巧进行镜头组接

相比直接的切换，叠化过程具有轻缓、自然的特点，可用于比较柔和、缓慢的时间转换。此外，叠化还可以用来展现景物的繁多和变换，很多风景短片都会在不同的景色间添加叠化效果。同时，叠化也是避免镜头跳切的重要技巧，实现"软过渡"，最大限度地确保镜头衔接的顺畅。

3. 划像

划像是指上一个镜头画面从一个方向渐渐退出的同时，下一个镜头画面随之出现的一种画面切换效果。根据画面退出和出现的方向和方式不同，划像通常包括左右划、上下划、对角线划、圆形划、菱形划等。通常，"划"的时间长度为 1 秒钟左右。

图4-10所示为在短视频中使用划像技巧进行镜头组接。

图 4-10　使用划像技巧进行镜头组接

划像可以用于描述平行发展的事件，常用于平行蒙太奇或交叉蒙太奇；此外，还可用于表现时间转换和段落起伏。

小贴士：　划像的节奏比淡入淡出和叠化更为紧凑，是人工痕迹相对比较明显的一种镜头转换技巧，如非必需，尽量不要使用，以免令观众产生虚假、造作之感。

4. 画中画

画中画是指在同一个景框中展现两个或两个以上的画面。画中画可以从不同的视点、视角表现同一事件或同一动作，也可以用来表现同时发生的相关或者对立的事件、动作，还可以用来实现段落和画面的交替更换。画中画在事件性较强的影视作品中较为常见，多用于平行蒙太奇和交叉蒙太奇。

图4-11所示为在短视频中使用画中画技巧进行镜头组接。

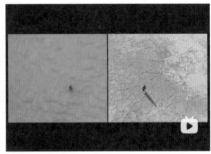

图 4-11　使用画中画技巧进行镜头组接

不过，在缺乏明确设计的情况下，将屏幕随意分割成两个或多个画面是不可取的，观众在同一时间内只能处理有限的视觉信息。如果屏幕中画面过多，会导致重要信息被观众忽视，甚至让观众产生"眼花缭乱"的感觉。

5. 抽帧

抽帧或抽格也是一种较为常用的镜头组接技巧。通常情况下，1秒钟的短视频画面是由25或

30 帧（即 25 或 30 个静态图像）组成的，抽帧指将一些静态画面（帧）从一系列连贯的影像中抽出，从而使影像表现出不连贯的一种编辑技巧。

很多短视频创作者使用抽帧技术实现某种"快速剪辑"，即在不改变运动速率的基础上，通过减少帧数的方式，让人物的动作看起来比正常情况下更具动感。

我们还可以利用抽帧技术形成静帧效果。其操作方法如下：从一系列连贯影像中，选择一帧画面并将其复制为多帧，在放映时，会呈现为某一画面呈现较长时间的定格，有极强的造型功效。

图 4-12 所示为在短视频中使用抽帧技巧进行镜头组接。

图 4-12　使用抽帧技巧进行镜头组接

小贴士：　抽帧是一种难度较高、操作复杂的剪辑技法，对视频剪辑要求很高，使用得当，可以制造迥异于日常体验的"奇观"；使用不当，则会令画面出现毫无意义的卡动，影响观影体验。

总之，随着短视频剪辑理念的发展和剪辑技术的进步，镜头组接的技巧也在不断变化和革新，这里介绍的仅仅是较为常见的几种。是否使用、如何使用镜头组接的编辑技巧，需要根据创作的具体创意和需求而定，应该避免滥用可有可无的编辑技巧。

4.2.2　如何选择剪接点

剪接点是指两个镜头相连接的点。只有选准了剪接点的位置，镜头组接才能实现从形式到内容的紧密结合，使内容、情节、节奏、情感的发展更符合逻辑关系和审美特性。

对短视频进行镜头剪接时，要注重 4 类剪接点的选择：动作剪接点、情绪剪接点、节奏剪接点和声音剪接点。

1. 动作剪接点

动作剪接点主要以人物形体动作为基础，以画面情绪和叙事节奏为依据，结合日常生活经验进行选择。对运动中的物体，剪接点通常要安排在动作正在发生的过程中。在具体操作中，则需要找出动作中的临界点、转折点和"暂停处"作为剪接点。

图 4-13 所示为根据人物动作进行镜头组接。

需要强调的是，动作剪接点的选择还需要以叙事的情绪和节奏为依据，组接镜头时，上一个镜头要完整地保持到临界点，下一个镜头则需要根据动作的需要选择起始点。

2. 情绪剪接点

情绪剪接点主要以心理动作为基础，以表情为依据，结合造型元素进行选取。具体来说，在选取情绪剪接点时，需要根据情节的发展、人物内心活动以及镜头长度等因素，把握人物的喜、怒、哀、乐等情绪，尽量选取情绪的高潮作为剪接点，为情绪表达留足空间。

图 4-14 所示为根据人物情绪进行镜头组接。

图 4-13 根据人物动作进行镜头组接

图 4-14 根据人物情绪进行镜头组接

3. 节奏剪接点

节奏剪接点主要以故事情节为基础，以人物关系和规定情境中的中心任务为依据，结合语言、情绪、造型等因素来选取，它要求重视镜头内部动作与外部动作的吻合。

在选取画面节奏剪接点时，要综合考虑画面的戏剧情节、语言动作和造型特点等。选取固定画面快速切换可以产生强烈的节奏，也可以选取舒缓的镜头加以组合产生柔和、舒缓的节奏，同时还要使画面与声音相匹配，使内外统一，节奏感鲜明。

图 4-15 所示将北京市著名景点与标志性建筑通过无缝转场和快速剪接融合在一起，配合富有节奏感的背景音乐，通过快速的画面切换表现出城市的风采。

图 4-15 根据节奏进行镜头组接

4. 声音剪接点

声音剪接点的选择以声音的特征为基础，根据内容的要求以及声音和画面的有机联系来处理镜头的衔接，它要求尽力保持声音的完整性和连贯性。声音的剪接点主要包括对白的剪接点、音乐的剪接点和音效的剪接点 3 种。

5. 音乐的节奏剪辑

音乐的节奏剪辑是指根据所选择音乐的节奏对视频片段进行剪辑组接。目前，短视频平台中非常流行的卡点音乐视频基本上都是根据音乐的节奏点来进行视频或图片素材的剪接的，使视频画面与音乐相匹配，表现出节奏感。

4.3　转场的作用与制作标准

一部短视频作品往往是由多个段落（场景）构成的，从一个场景过渡到另一个场景即"转场"。在短视频后期剪辑过程中，需要采用适当的方法来完成转场。

4.3.1　视频转场的方式

短视频后期剪辑中的转场方法大致可以分为无技巧转场和有技巧转场两大类型。

1. 无技巧转场

无技巧转场是指通过镜头的自然过渡来实现前后两个场景的转换与衔接，强调视觉上的连续性。无技巧转场的思路产生于前期拍摄过程，并于后期剪辑阶段通过具体的镜头组接来完成。图 4-16 所示为无技巧转场，镜头所拍摄的画面属于同一场景，这样的镜头画面可以直接剪辑在一起。

图 4-16　无技巧转场效果

2. 有技巧转场

有技巧转场是指在后期剪辑时借助剪辑软件提供的转场特效来实现转场。有技巧转场可以使观众明确意识到前后镜头间与前后场景之间的间隔、转换和停顿，使镜头自然、流畅，并能产生一些无技巧转场不能实现的视觉及心理效果。几乎所有的短视频编辑软件都自带许多出色的转场特效。

图 4-17 所示为通过后期编辑软件中的转场特效实现的有技巧转场效果。

图 4-17　有技巧转场效果

4.3.2 视频转场的运用标准

在短视频后期剪辑处理过程中，镜头画面与画面之间的转场处理是必不可少的，合理的使用转场，可以使短视频画面的过渡更加流畅和自然。下面主要介绍 7 种常见的转场运用方式，这 7 种转场方式都属于无技巧转场，更考验后期剪辑中对剪辑点的选择和镜头的把握。

1. 直切式转场

直切式转场是最基本、最简单的转场方式，常用于同一主体从一个场景移动到另一个场景的情节。虽然场景产生了变化，但因为有着共同的主体，所以不会产生突兀的感觉。直切式转场的过渡直截了当，不着痕迹，符合人们的日常生活规律，是大部分短视频作品最普遍的转场方式。图 4-18 所示为镜头直切式的转场效果。

图 4-18　使用镜头直切式转场

2. 空镜头转场

空镜头转场，即使用没有明确主体形象、以自然风景为主的写景空镜头作为两个场景衔接点的转场语言。图 4-19 所示为使用空镜头转场效果。

图 4-19　使用空镜头转场

3. 主观镜头转场

主观镜头转场，指借助镜头的摇移运动或分切组合，在同一组镜头中实现由客观画面到主观画面的自然转换，同时也实现场景的转换。通常前一个场景是以主体的观望动作作为结束点，紧接着下一个场景就是主体看到的另一个场景，从而自然地将两个场景连贯起来。图 4-20 所示为使用主观镜头转场效果。

图 4-20　使用主观镜头转场

4. 特写镜头转场

　　特写镜头因为遮蔽了时空与环境，因此具有天然的转场优势，是一种很常用的无技巧转场方式。图 4-21 所示为特写镜头的转场效果。

图 4-21　特写镜头转场效果

5. 遮挡镜头转场

　　遮挡镜头转场也称为"转身过场"，即首先拍摄一个人或物向镜头而来的迎面镜头，直至该主体的形象完全将镜头遮蔽，画面呈现为黑屏；之后紧接另一场景主体逐渐远离镜头的画面，或者接其他场景的镜头，来形成场景的自然过渡。遮挡镜头转场手法赋予画面主体一种强调和扩张的作用，给人以强烈的视觉冲击，能够为情节的继续发展制造悬念，也能使画面的节奏变得更加紧凑。图 4-22 所示为使用遮挡镜头的转场效果。

图 4-22　遮挡镜头转场效果

6. 长镜头转场

　　长镜头转场是指利用长镜头中场景的宽阔和纵深来实现自然转场。由于长镜头具有拍摄距离和景深的优势，配合摄像机的推、拉、摇、移等运动形式，可以实现摄像机镜头从一个场景空间自然过渡到另一个场景空间的变化。图 4-23 所示为使用长镜头转场的效果。

图 4-23　长镜头转场效果

7. 声音转场

　　声音转场是指前一场景的声音向后一场景延伸，或将后一场景的声音向前一场景延伸，来实现场景的自然过渡。声音转场的形式包括利用画面中人物的对话、台词转场，利用旁白转场，利用音乐或音响转场等。

4.4 视频声音处理

声音是短视频中的听觉元素，极大地丰富了短视频的内涵并增强了短视频的表现力和感染力。声音元素具有传递信息、刻画人物、塑造形象、参与叙事、烘托环境氛围等作用。声音可以使短视频的视觉空间得到延伸，形成丰富的时空结构与更加复杂的语言形式。

4.4.1 声音的特性

人们可以根据感觉分析出声音中的若干特性，这些特性是人们在日常生活经验中所熟悉的。

1. 音量

人们之所以能够感觉到声音，是因为空气的振动，振动的幅度决定了音量。短视频经常在音量上做文章，例如拍摄说话柔声细气的人和说话粗声大气的人之间的对话。

音量能够产生速度感。音量越大，速度越快，听众就越感到紧张。音量当然也会受到接收距离的影响，音量越大，我们会觉得声源越近。

2. 音高

音高是由振动频率决定的。

3. 音色

一个声音中的各种成分使其具有特殊色彩或品质，这就是音乐家们所称的音色。我们说某个人说话鼻音重，或者说某种乐音清亮，都是指的音色，通过音色可以区别各种乐器。

作为声音的基本成分，音量、音高和音色常常结合在一起，构成短视频中的声音。这3种因素结合在一起，大大丰富了人们对短视频的体验。

4.4.2 短视频中的声音类型

现实生活中，声音可以分为人声、自然音响和音乐。短视频作品的创作源于生活，因而短视频的声音也有3种表现形式：人声、音响和音乐。3种声音功能各异，人声以表意和传递信息为主，音响以表现现实为主，音乐以表达情感为主。在短视频作品中，它们虽然形态不同，但相互联系、相互融合，共同构筑起完整的短视频声音空间。

1. 人声

人声作为一种人物语言，是人们自我表达和交流思想感情的主要工具。人声的音调、音色、力度、节奏等元素的综合运用，有助于塑造人物形象。

短视频作品中的人声又称为语言，包括短视频中的对白、旁白、独白、解说等，它与镜头画面的有机结合能够起到叙述内容、揭示主题、表达情感、刻画人物性格、扩充画面信息量、展开故事情节等作用。

2. 音响

音响也称为效果声，是短视频作品中除了人声和音乐之外的所有声音的统称。它包括短视频时间关系中所出现的自然界的和人造环境中的一切声音，有时还包括作为背景音响出现的人声和音乐。在短视频中，各种音响以其各自不同的特性构成特殊的听觉形象，具有增添生活气息、烘托环境、渲染气氛、推动情节发展、创造节奏等功能，增强了短视频的艺术效果。短视频中的音响可以是自然的，也可以是人工模拟的。

3. 音乐

短视频音乐是指专门为短视频作品创作或者选用现有的音乐进行编配的音乐。

短视频音乐不同于独立形式的音乐，从其音乐的结构、音效形态、表现手段等方面来看，其具有自身的艺术特征。短视频音乐是短视频作品的重要组成部分。

4.4.3　声音的录制与剪辑方式

由于声音的录制方式不同，声音剪辑的方式也不相同。

1. 先期录音

先期录音的声音大都是比较完整的音乐或唱段，所以这种声音的剪辑是在短视频拍摄完成之后，按照音乐的长短来剪辑视频画面。

2. 同期录音

同期录音的声音与视频画面是一致的、对应的，所以这种声音的剪辑应该是声音与视频画面同时进行剪辑处理。

3. 后期配音

后期配音通常是在短视频基本剪辑处理完成之后，再来配制声音。

4.4.4　短视频音乐的选择技巧

完成短视频的编辑处理后，为短视频添加音乐是大部分创作者都比较头痛的事，因为音乐的选择是一件很主观的事情，它需要创作者根据视频的内容主旨、整体节奏来选择，没有固定的标准。下面向大家介绍短视频音乐选择的一些小技巧。

1. 注意整体节奏

除了叙事类这种偏情节的短视频之外，大部分短视频的节奏和情绪都是由音乐来带动的。

为了使音乐与短视频内容更加契合，在进行视频剪辑时最好按照拍摄的时间顺序先进行简单粗剪，然后在分析视频的节奏之后，再根据整体的感觉去寻找合适的音乐。视频画面节奏和音乐匹配度越高，画面就会越带动感。

🖊 **小贴士：**　每段音乐都有自己独特的情绪和节奏，为了创作出更好的短视频作品，还需要培养一下对音乐的节奏感。

2. 把握情感基调

在进行短视频拍摄时，要清楚短视频想要表达的主题以及想要传达的情绪。表达的是什么？是想创造无厘头的搞笑风格，还是想创造舒缓解压风格？

只有先弄清楚情绪的整体基调，才能进一步对短视频中的人、事以及画面进行音乐的选配。

美食类短视频大多数是以精致为目标的，通常以"治愈"的名义来赢得用户的关注。这类短视频就适合选择一些听起来让人觉得有幸福感或者悠闲感的音乐，例如纯音乐、舒缓温情的中英文歌都可以。温馨幸福的音乐，能让用户像享用美食一样感受到愉悦，提升体验感。图 4-24 所示为美食类短视频。

图 4-24　美食类短视频

图 4-25　时尚类短视频

旅行类的短视频就很明确了，视频内容都是世界各地的景、物、人等，这类短视频就适合搭配比较大气、清冷的音乐。大气的音乐能让用户在看视频时产生放松的感觉，而清冷类的音乐与轻音乐一样，包容性较强，音符时而舒缓时而澎湃，是提升剪辑质量的一大帮手，能够将旅行的"格调"充分显示出来。图 4-26 所示为旅行类短视频。

图 4-26　旅行类短视频

3. 正确地寻找配乐

一般来讲，选择正确的短视频音乐要依靠敏锐的嗅觉以及丰富的经历，需要多听、多想、多培养感觉。可以通过一些专业的免费音乐曲库，在这些曲库中进行定向查找。

4. 不要让音乐喧宾夺主

音乐对整个短视频起着画龙点睛的作用。在寻找音乐时要记住，音乐最高的境界就是让你感觉不到它的存在，所以一定不能让音乐喧宾夺主。

一般来讲，短视频音乐最好选择纯音乐，或者国外音乐，因为如果找的歌曲很有诱惑力，容易将观众带入到歌词的意境中，而遮掉了视频本身的光芒。

4.5　声音与视频画面的关系

视频画面和声音都具有各自独特的作用，都是短视频创作不可或缺的艺术创造手段。画面是短视频作品叙事的基础，声音可以补充画面，两者有机组合，扬长避短，成就了"1+1>2"的视听表现力。一般来说，声音与画面的组合关系主要有声画同步、声画分立和声画对立 3 种形式。

4.5.1　声音与视频画面同步

声音与视频画面同步又称为声画合一，是指短视频作品中声音和画面严格匹配，情绪和节奏相一致，听觉形象和视觉形象相统一。即画面中的形象和它所发出的声音同时出现又同时消失，两者吻合一致，这是最常见的一种声画关系。发声体的可见性和声音的可听性，使得声画营造的时空环境更真实。短视频作品中绝大多数声音和画面都是同步的，如画面上两人在对话，同时就听到他们的对话声；画面有汽车驶来，同时就听到汽车声。发声体动作停止，声音也就消失。声画同步加强了画面的真实感，进一步深化了视觉形象，强化了画面内容的表现力。

4.5.2　声音与视频画面分立

声音与视频画面分立又称为声画分离，指视频画面中声音和画面形象不同步、不相吻合、互相分离的蒙太奇技巧。声画分离意味着声音和画面具有相对的独立性。由于声音和发声体不在同一画面中，以画外音的形式出现，这样就可以更有效地发挥声音的主观化作用，起到提示人物心理活动的作用以及衔接画面，转换时空的作用。

有许多短视频作品的音乐都是与画面分离的，属于画外配乐。画外音乐常常具有比较强的主观色彩，因而画外音乐的运用越来越广泛。创作者通过应用音乐音响、赋予短视频更多更深刻的内涵，从而使短视频更具有感染力和冲击力。

4.5.3　声音与视频画面对立

声音与画面对立又称为声画对立，声音和画面形象分别表达不同的内容，各自独立而又相互作用，通过对立双方的反衬作用，使声音与画面在情绪情感上产生强烈的反差，从而产生震撼人心的艺术效果，表现出更为深刻的思想意义。在声画对立中，声音可以是语言，也可以是音乐，观看者通过联想产生对比、比喻、象征等审美效果。

随着短视频的发展，画面形象与声音形象越来越不可分割。画面形象借助声音形象会使画面更加传神、逼真，声音形象又依托画面形象的直接观感受而具有感染力和震撼力。画面和声音有机地融为一体，创造出更加真实、生动、精彩的银幕形象，给浏览者带来丰富的视听享受。

4.6　视频节奏的把握

节奏由运动产生，不同的运动状态会产生不同的节奏。视频最本质的特征是运动，这种运动包括画面各元素的运动、摄像机的运动、声音的运动、剪辑产生的运动，以及所有这些元素本身作用于人的心理层面产生的运动和变化。所有这些运动元素的快慢组合、频率交替设置，形成了每部短视频作品独特的节奏。

4.6.1　视频节奏分类

短视频节奏包括内部节奏和外部节奏，是叙事性内在节奏和造型性外在节奏的有机统一，两者的高度融合构成了短视频作品的总节奏。

1. 内部节奏

内部节奏是指剧情发展的内在矛盾冲突和人物内心情感变化而形成的节奏。它是一种故事节奏，往往以戏剧动作、场面调度、人物内心活动来表现。内在节奏体现为叙述的观念和结构，决定着作品的整体风格。

图 4-27 所示的短视频，舒缓的前奏音乐与静止的舞蹈人物相结合，当特写人物的眼睛睁开时进入到快节奏的欢快音乐，人物也随着跳起舞蹈，节奏的把握非常准确，很好地表现出了欢快的情感。

图 4-27　通过短视频内部节奏表现欢快的情感

2. 外部节奏

外部节奏是指镜头本身的运动以及镜头转换的频率所形成的节奏，它往往以镜头运动、剪辑方式等来体现。图 4-28 所示通过快速剪辑的镜头表现出沙地摩托的动感。

图 4-28　通过快速的镜头剪辑表现出沙地摩托的动感

3. 内部节奏与外部节奏的关系

内部节奏直接决定着外部节奏的变化，外部节奏往往反过来也影响内部节奏的演变。两者之间是一种辩证统一的关系。一般情况下，短视频作品的外部节奏与内部节奏应该保持一致，相互协调。

任何一部短视频作品都有一个整体的节奏，即总节奏。它存在于剧本或脚本里，体现在叙事结构的变化之中，成型于拍摄与剪辑之上。创作人员通过内部节奏和外部节奏的合理处理，完成对总节奏的强化，以影响、激发、引导、调控观众的情绪变化和心理感受，使观众获得艺术享受。

4.6.2　视频节奏的剪辑技巧

在短视频的后期剪辑处理中，剪辑节奏对总节奏的最后形成起着关键的作用。所谓的剪辑节奏是指运用剪辑手段，对短视频作品中的镜头的长短、数量、顺序的有规律的安排所形成的节奏。常用的短视频节奏剪辑技巧主要有以下几种。

1. 依据内容调整节奏

短视频的题材、内容、结构决定着作品的整体节奏，剪辑节奏也就是镜头组接的节奏。视频后期剪辑的技法多种多样，不同的剪辑手法会使节奏多样化。通过镜头剪辑频率、排列方式、镜头长短、轴线规则等可以有效调整作品段落的不同节奏。例如可以运用重复的剪辑手法，突出重点、强化节奏。还可以运用删除的剪辑手法精简篇幅、控制节奏，使其符合整体节奏的要求。

2. 协调人物动态

人物动作的幅度、力度、速度的变化，都会引起剧情节奏的起伏，产生高低、强弱、快慢的变化。

对于主体运动过程太长的镜头，可以通过剪辑中的快动作镜头加以删减，以加快叙事的进程；对一些表现心理时间长的情节，也可以通过慢镜头剪辑加以表现。动作节奏的把握要根据特定的情节和人物性格而定。通过对人物动作进行合理的选择、安排和协调，使人物动作镜头组接的节奏符合生活的真实，又符合艺术的真实。

3. 合理利用造型元素

对短视频进行剪辑处理时，通过调整造型因素营造新的节奏感。如合理地利用景别切换、角度选择、线条运用、色彩改变以及光影明暗对比调整等方法，产生符合艺术表现的视觉节奏。一般来说，全景系列镜头信息量大，需要的镜头长度相对较长，近景系列镜头信息量少，需要的镜头长度相对较短。由全景到特写的系列镜头组接在一起，节奏就会加快，反之，由特写到全景的系列镜头组接在一起，节奏就会变慢。因此，通过不同景别镜头的灵活组接，就能够营造出与剧情发展相适宜的视觉节奏。图 4-29 所示通过不同镜头的剪辑处理，表现出短视频的节奏感。

图 4-29　通过不同镜头的剪辑体现出短视频的节奏

4. 准确处理时空关系

在短视频剪辑处理过程中，要把握好镜头之间的时空关联性。为了避免时空转换的突兀感，通常在不同场景的镜头之间，通过镜头的淡入淡出、叠化这类技巧性处理，保持不同时空之间镜头的缓慢自然过渡，使前后节奏平稳。对一些动作性较强的情节段落，利用动作的一致性或相似性，借助动作在时间和空间上的延续性，通过"动接动"直切的连接方式同样能够创造出一种平滑的过渡效果。对于特别紧张的情节，还可以运用交叉蒙太奇的剪辑方法，把在同一时间不同空间发生的两种或两种以上的动作交叉剪接，形成一种紧张的气氛和强烈的节奏感，产生惊险的戏剧效果。图 4-30 所示通过镜头的运动与不同场景的叠化处理很好地表现出不同场景镜头之间的自然过渡。

5. 灵活组接运动镜头

运动镜头的变化最能体现出节奏的变化。在短视频剪辑过程中，灵活调控镜头运动的各种状态、形态、方式，如利用镜头运动的速度、方位、角度变化来加速或延缓节奏。图 4-31 所示为运用不同的镜头方位和角度进行拍摄。

6. 巧妙处理镜头组接

镜头组接的方法很多，可以采用有技巧性地切换，也可以采用无技巧性地切换。一般来说，利用后期视频编辑软件中的技巧性转换镜头，会使节奏舒缓，而运用无技巧性转换镜头，会使节奏加速。不管采用何种镜头转换，都要与短视频作品所要求的节奏相适应。

图 4-30　通过镜头的运动与场景的叠化处理实现自然过渡

图 4-31　运用不同的镜头方位和角度进行拍摄

7. 充分运用声音元素

相对于画面节奏，声音的节奏感更容易被感知，渲染性更强，也更容易让观众产生共鸣。创作充分利用声音的节拍、速度、力度的变化形成的韵律，强化视频的节奏。

🖋 **小贴士：** 配乐是音乐剪辑的重要内容之一，音乐的剪辑要围绕内容进行分割或重组，在处理节奏时，音乐的旋律应该与镜头的长度相适应，做到节奏上的声画合一。

影响短视频节奏的因素很多，在后期剪辑中究竟运用何种剪辑手段来营造一部短视频作品、一个段落、一组镜头的节奏，总的原则是以短视频作品的内容特色、内容样式、主体情态和剧情为依据，最终目的是增强作品的艺术表现力和感染力。

4.7　视频色调的分类与制作标准

色调是由一种色彩或几种相近的色彩构成的主导色，是在色彩造型与表现方面为短视频的整体风格、类型建构所配置的基本色彩。色调直接影响观众的心理和情绪，是传递主题感受、烘托气氛和表达情感的有力手段。

4.7.1 色调的分类

短视频的色彩由不同的镜头画面色调、场景色调、色彩主题按一定的布局比例构成,占绝对优势、起主宰作用的色调为主色调,又叫基调。根据不同的标准,短视频色调主要有以下几种划分形式。

1. 按色相划分

按色相划分,色调可以分为红色调、黄色调、绿色调、蓝色调等。图 4-32 所示为蓝色调的短视频画面效果。

图 4-32 蓝色调短视频画面

2. 按色彩冷暖划分

按色彩冷暖划分,色调可以分为暖色调、冷色调和中间色调。暖色调由红色、橙色、黄色等暖色构成,这种色调适宜表现热情、奔放、欢快、温暖的内容,如图 4-33 所示。冷色调是由青色、蓝色、蓝紫色等冷色构成,这种色调适宜表现恬静、低沉、淡雅、严肃的内容,如图 4-34 所示。中间色调由黑、白、灰等色彩构成,这种色调适宜表现凝重、恐怖或与死亡相关的内容,如图 4-35 所示。

图 4-33 暖色调短视频画面

图 4-34 冷色调短视频画面

图 4-35　中间色调短视频画面

3. 按色彩明度划分

按色彩明度划分，色调可以分为亮调、暗调、浓调和淡调。图 4-36 所示为亮调的短视频效果，图 4-37 所示为暗调的短视频效果。

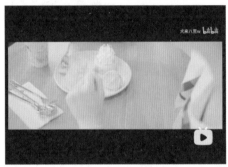

图 4-36　亮调短视频画面

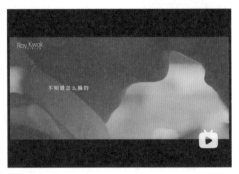

图 4-37　暗调短视频画面

4. 按心理因素划分

按心理因素划分，色调可以分为客观色调和主观色调。客观色调是客观事物所具有的色调，而主观色调是色彩的一种心理感受，并不一定符合真实事物的色彩，往往是根据作品的主题或人物的内心感受而创造的一种非现实的色调倾向。

图 4-38 所示为主观色调的短视频画面。如这个短视频的名称"无彩"一样，短视频画面采用黑白色调，主人公通过偶然发现的一张彩色照片去寻找心中的彩色世界。

图 4-38 使用主观色调处理的短视频

4.7.2 色调的处理标准

色调处理可以在拍摄阶段完成，也可以在后期编辑阶段处理。创作者可以通过视频后期处理软件的调色功能实现对视频色彩的校正和色调调整，从而实现作品整体色调风格的统一。

1. 自然处理方法

这种方法主要是追求色彩的准确还原，而色彩、色调的表现任务处于次要地位。在拍摄过程中，先选择正常的色温开关，再通过调整白平衡来获得真实的色彩或色调。如果拍摄的画面色彩失真，也可以通过后期处理软件中相应的色彩调整命令进行弥补和修正。

2. 艺术处理方法

任何一部短视频作品，总会有一种与主题相对应的总的色彩基调。色调的表现既可以是明快、温情的基调，也可以是平淡、素雅的基调，还可能是悲情、压抑的基调。色调与色彩一样，具有象征性和寓意性。色调的确定取决于短视频题材、内容、主题的需要，色调处理是否适当，对作品的主题揭示、人物情绪表达有直接的影响。

图 4-39 所示的旅行短视频拍摄画面在后期进行了艺术处理，通过对视频画面的色调和明度的调整，表现出环境的荒凉，揭示了人物内心的孤寂。

图 4-39 采用艺术处理的视频画面

小贴士： 通过色彩的处理使画面色彩的对比度、饱和度、亮暗部细节以及镜头间色调影调衔接等方面达到技术和艺术质量的要求。调色不仅能够使曝光不佳和出现色偏的画面得到校正和调整，还能够使不同场景的影调和色调得到匹配，画面的艺术效果得到进一步提升。

4.8 视频字幕的作用与制作标准

字幕是指以文字形式显示在短视频作品中的各种用途的文字，也泛指作品后期加工的文字。

4.8.1 字幕的作用

短视频字幕是短视频作品的一个有机组成部分，是画面、声音的补充和延伸，在短视频作品中具有不可替代的地位和作用。

1. 字幕的标识和阐释作用

字幕可以分为标题性字幕和说明性字幕。

标题性字幕包括标题名称、出品单位、主要演职员等。尤其是短视频的标题名称,是画面构成中重要的视觉要素。好的标题能够揭示主题,富有吸引力,加深对短视频的记忆。图4-40所示为短视频的标题字幕效果。

图 4-40　标题字幕效果

说明性字幕包括画面提示、台词、解说、必要的说明、外文同期声的翻译等。对于运用了画外音、解说词还不能完全表达清楚的画面内容段落,说明性字幕可派上用场。短视频中需要强调、解释、说明的内容,通过字幕阐释,可能有效增加其信息量。图4-41所示为短视频中的说明性字幕效果。

图 4-41　说明性字幕效果

2. 字幕的造型作用

字幕的造型主要体现在字幕的字体、字形、大小、色彩、位置、出入画面方式和运动形态等方面。短视频字幕作为一种构图元素,除了标识、表意、传递信息之外,还具有美化画面,突出视觉效果的作用。字幕形式的设计,要根据短视频的定位、题材、内容、风格样式来确定。字幕的造型、排列和呈现要符合短视频的整体风格,做到字符与画面和谐统一,让观众在接收信息的同时,获得不同的视觉享受。图4-42所示为短视频画面中不同风格的标题字幕设计。

图 4-42　不同风格的标题字幕设计

4.8.2　如何为视频选择合适的字幕字体

为短视频的字幕选择合适的字体，不仅可以使短视频的内容表达更加清楚，还可以丰富短视频的视觉美感。在为短视频字幕选择字体时，需要根据短视频的内容以及风格来选择合适的字体。如何为短视频字幕选择合适的字体呢？下面和大家介绍一些短视频字体的选择方法和技巧。

1. 常用中文字体的选择

常用的中文字体主要有宋体、楷体、黑体等。

宋体棱角分明，一笔一画非常平直，横细竖粗，适合偏纪实或风格比较硬朗、比较酷的短视频，例如纪录类、时尚类或文艺类短视频等。图 4-43 所示为选择宋体作为短视频字幕字体的效果。

图 4-43　使用宋体作为字幕字体的效果

楷体属于一种书法字体，书法字体有一个特点就是比较飘逸。大楷比较适合庄严、古朴、气势雄厚的建筑景观或传统、复古风格的短视频。图 4-44 所示为选择楷体作为短视频字幕字体的效果。

图 4-44　使用大楷体作为字幕字体的效果

🖌 小贴士：　除了楷体外，草书、行书等类型的书法字体同样适用于气势雄厚或传统、复古风格的短视频。

小楷字体比较娟秀，适用于一些沉静的山水风光或者基调柔和的小清新短视频。图 4-45 所示为选择小楷字体作为短视频字幕字体的效果。

同样比较适合用于小清新风格短视频的还有钢笔手写字体，字体风格纤细清秀，非常适合用来做短句旁白的字体，例如纪念、情侣、个人写真等情感类型的短视频都非常适合。图 4-46 所示为选择钢笔字体作为短视频字幕字体的效果。

图 4-45　使用小楷字体作为字幕字体的效果

图 4-46　使用钢笔字体作为字幕字体的效果

　　还有一些经过特别设计的书法字体，这类书法字体都强化笔触感，很有挥毫泼墨的感觉，非常适合风格强烈的短视频。图 4-47 所示为选择书法字体作为短视频字幕字体的效果。

图 4-47　使用书法字体作为字幕字体的效果

　　黑体横平竖直，没有非常强烈鲜明的特点，因此，黑体也是最百搭、最通用的字体。如果无法确定应该为短视频字幕选择哪种字体时，选择黑体基本不会出错。图 4-48 所示为选择黑体作为短视频字幕字体的效果。
　　2. 常用英文字体的选择
　　英文字体可以分为衬线体和无衬线体。
　　衬线字体的每一个字母在文字笔画开始、结束的地方都有额外的修饰，笔画粗细会有差异，使字体表现出一种优雅的感觉，适合表现复古、时尚、小清新风格的短视频。图 4-49 所示为选择衬线字体作为短视频字幕字体的效果。

图 4-48　使用黑体作为字幕字体的效果

图 4-49　使用衬线字体作为字幕字体的效果

无衬线字体是相对于有衬线字体而言的，无衬线的文字就是指在字体的每一个笔画结构上都保持一样的粗细比例，没有任何修饰。与有衬线字体相比，无衬线字体显得更为简洁、富有力度，给人一种轻松、休闲的感觉。无衬线字体很百搭，比较适合冷色调或未来感、设计感较强的短视频。图 4-50 所示为选择无衬线字体作为短视频字幕字体的效果。

图 4-50　使用无衬线字体作为字幕字体的效果

3. 字幕的排版与设计技巧

除非是短视频主题内容的需要，否则尽量不要使用装饰性太强的字体，初学者往往喜欢选择一些花哨的字体，但是越花哨的字体越容易产生"土"的感觉，要谨慎使用。

完成短视频字幕字体的选择之后，就需要考虑将字幕放置在短视频画面的什么位置才好看的问题了。从优秀的作品可以看到，标题的设计是非常丰富多变的，文字的大小、粗细、间距、字体选择，不同的搭配都会产生不同的感觉。

设置标题字幕时，通常会选用比较大的字号。如果使用大号标题字幕，并且标题字幕中包含多行文字，那么可以将标题文字的行距加大，或使用大小或粗细结合进行设计，不要把文字都挤在一起。图 4-51 所示为大号标题字幕的设计效果。

图 4-51　大号标题字幕的设计效果

如果使用小号标题字幕，可以适当加大文字间距。图 4-52 所示为小号标题字幕的设计效果。

如果只有一行大字，字幕可以放置在短视频画面的居中位置或最下方。图 4-53 所示为一行文字放置在短视频画面的居中位置。

图 4-52　小号标题字幕的设计效果　　　　图 4-53　字幕放置在画面的居中位置

如果短视频画面中有多行文字，可以增加行距，平均分布，让画面轻松一些。同时需要注意的是，行距要大于字距，也就是文字行与行之间的距离要大于字与字之间的距离，这样能够保证一行文字的完整性。图 4-54 所示为多行字幕的设计效果。

图 4-54　多行字幕的设计效果

在以上所介绍的字幕设计的要求的基础上，还可以进行其他的一些细节设计。例如使用反差较大的字号进行搭配，如图 4-55 所示。也可以加宽字距，使字幕的设计更具有设计感，如图 4-56 所示。

　　短视频中的旁白字幕通常都位于视频画面的下方，如果把旁白字幕换个位置，就会产生不一样的新鲜感，如图 4-57 所示。竖向的文字排版方式，适用于表现复古、文艺、小清新风格的短视频，如图 4-58 所示。

图 4-55　使用反差较大的字号进行搭配

图 4-56　加宽字间距

图 4-57　调整旁白字幕位置

图 4-58　文字竖向排版

　　另外，还需要注意字幕与短视频背景的分离，可以选择与背景不同的颜色或者增加适当的阴影进行区分，突出字幕的表现。图 4-59 所示为通过文字颜色与短视频画面对比突出字幕的表现。

图 4-59　突出字幕的表现效果

4.9　本章小结

　　完成了前期短视频素材的拍摄之后，就需要对所拍摄的短视频素材进行后期的编辑处理。通过出色的后期编辑处理，可以使短视频作品的视觉表现效果更加出色。本章主要向读者介绍的是有关短视频后期剪辑处理的相关理论知识。完成本章内容的学习之后，读者要能够理解短视频后期剪辑处理的思路、方法和原则等内容，并能够在短视频剪辑处理过程中应用相应的理论知识。

第5章　移动端剪辑软件应用

对拍摄的视频片段进行剪辑处理是短视频后期创作过程中非常重要的环节，包括对视频片段的剪接、为短视频添加音乐和字幕、为短视频添加特效等，这些能使短视频更具有观赏性。

许多移动端短视频平台都推出了自己的短视频后期剪辑处理软件，例如"抖音"平台推出的"剪映"App，"快手"平台推出的"快影"App等。本章将向大家介绍移动端短视频后期剪辑制作软件的使用方法和技巧，并通过案例使读者能够快速掌握移动端短视频剪辑软件的应用方法。

5.1　短视频拍摄

使用短视频平台除了可以观看其他用户拍摄上传的短视频作品之外，还可以自己拍摄并上传短视频作品，接下来介绍如何使用"抖音"平台拍摄短视频。

5.1.1　使用"抖音"平台拍摄短视频

"抖音"是一款可以拍摄短视频的音乐创意短视频移动社交应用。打开"抖音"App，点击界面底部的"加号"图标，即可进入短视频拍摄界面，如图5-1所示。在界面底部提供了不同的拍摄功能，包括"分段拍""快拍""影集"和"开直播"，默认为"快拍"模式，可以拍摄时长15秒钟的短视频，可以拍摄照片或者输入文字。

在默认的"快拍"模式中，点击"照片"按钮，即可切换到拍照模式中，此时点击界面底部的白色圆形图标，可以拍摄照片，如图5-2所示。点击"文字"按钮，可以切换到文字输入界面，制作纯文字的短视频。

图 5-1　拍摄界面

图 5-2　拍照模式

点击底部的"分段拍"按钮,即可切换到"分段拍"模式,在该模式中允许拍摄时长为 15 秒钟、60 秒钟和 3 分钟 3 种不同时长的短视频。选择所需要的拍摄时长,点击界面底部的红色圆形图标,即可开始短视频的拍摄。当所拍摄的时长达到所选择的时长后,将自动停止短视频的拍摄,如图 5-3 所示。

点击底部的"影集"按钮,可以切换到"影集"模式。"抖音"为用户提供了多种类型的影集模板,如图 5-4 所示,通过所提供的影集模板可以快速地创作出同款的短视频。

点击底部的"开直播"按钮,切换到视频直播模式,就可以开启"抖音"App 的视频直播功能,如图 5-5 所示。

图 5-3　分段拍模式　　　　　　图 5-4　影集模式　　　　　　图 5-5　视频直播模式

在任意一种拍摄模式界面中,只需要点击界面底部中间的圆形图标,即可开始拍照或短视频的拍摄。

小贴士:　　在短视频拍摄过程中,可以通过变焦拍摄改变被拍摄物体的景别。按住红色圆圈向屏幕上方拖动,可以拉近镜头观看其近貌和特写,向屏幕下方拖动,可以推远镜头观看其全貌。

5.1.2　短视频拍摄辅助工具

在"抖音"App 的短视频拍摄界面的右侧为用户提供了多个拍摄辅助工具,分别是"翻转""快慢速""滤镜""美化""倒计时"和"闪光灯",如图 5-6 所示,通过这些工具可以有效地帮助我们进行短视频拍摄。

翻转:在使用"抖音"App 拍摄短视频时,只需要点击界面右侧的"翻转"图标,即可切换拍摄所使用的摄像头,方便用户自拍。

快慢速:在拍摄短视频时,使用快慢镜头是经常用到的一种手法,以形成突然加速或突然减速的视频效果。在短视频拍摄界面中点击右侧的"快慢速"图标,在界面中显示快慢速选项,默认为"标准"速度,如图 5-7 所示。

"抖音"App 为用户提供了 5 种拍摄速度,我们可以选择一种速度进

图 5-6　拍摄辅助工具

行拍摄，在拍摄过程中可以随时暂停，再切换为另一种速度拍摄，这样就可以在一段短视频的不同部分表现出不同速度的效果。

滤镜：在短视频的拍摄过程中还可以为镜头添加滤镜效果，使拍摄出来的短视频具有明显的风格化。在短视频拍摄界面中点击右侧的"滤镜"图标，在界面底部显示内置的滤镜选项，当前版本包含"人像""风景""美食""新锐"和"限时"5种类型的滤镜。在滤镜分类中点击任意一个滤镜选项，即可在拍摄界面中看到应用该滤镜的效果，并且可以通过拖动滑块控制滤镜效果的强弱，如图5-8所示。

小贴士： 在短视频的拍摄界面中，向右滑动操作，可以按顺序切换各种滤镜效果，对比各种滤镜的效果，能够快速选择合适的滤镜。

美化：许多拍摄短视频的创作者对短视频拍摄时的美颜功能十分看重，在短视频拍摄界面中点击右侧的"美化"图标，在界面底部显示内置的美化功能选项。当前版本包含"磨皮""瘦脸""大眼""清晰""美白""小脸""窄脸""瘦颧骨""瘦鼻""嘴形"和"额头"多种美化选项。点击一种美化选项，即可为所拍摄对象应用该种美化效果，并且可以通过拖动滑块来调整该种美化效果的强弱，如图5-9所示。

图5-7 "快慢速"选项

图5-8 应用滤镜效果

图5-9 应用美化效果

倒计时：使用"倒计时"功能可以实现自动暂停拍摄，方便拍摄者设计多个拍摄片段，并且可以通过设置拍摄时间来卡点音乐节拍。

在短视频拍摄界面中点击右侧的"倒计时"图标，在界面底部显示倒计时相关选项，在倒计时选项右上角可以选择倒计时的时长，这里提供了两种时长供用户选择，分别是3秒钟和10秒钟。拖动时间线可以调整所需要拍摄的短视频的时长，如图5-10所示。点击"开始拍摄"按钮，开始拍摄倒计时，完成倒计时之后自动开始拍摄，到设定的时长后自动停止拍摄，如图5-11所示。

闪光灯：在昏暗的环境中进行短视频的拍摄就需要灯光的辅助，在"抖音"App的短视频拍摄界面中为用户提供了闪光灯辅助照明的功能。

在短视频拍摄界面中点击右侧的"闪光灯"图标，即可开启手机自带的闪光灯辅助照明功能。默认情况下，该功能为关闭状态。图5-12所示为开启闪光灯的拍摄效果。

图 5-10　显示倒计时选项

倒计时时长

拍摄时长

图 5-11　开始拍摄倒计时

图 5-12　开启闪光灯效果

5.1.3　使用道具拍摄

使用"抖音"App 拍摄短视频时还可以使用道具，合理地使用道具能够拍摄出生动有趣、颇具创意的短视频。

打开"抖音"App，进入拍摄界面，点击界面左下方的"道具"图标，在界面底部显示"抖音"App中内置的多种不同类型的道具，包括"热门""最新""氛围""头饰""场景""扮演""新奇""美妆""变形""测一测"和"游戏"共 11 种，如图 5-13 所示。

小贴士：　许多内置道具都需要针对特定的人物脸部才能够识别和使用，例如"头饰""扮演""美妆"和"变形"等分类中的道具。可以点击界面右上角的"翻转"图标，使用手机前置摄像头进行自拍，尝试使用相应的道具。

"热门"分类

"最新"分类

"氛围"分类

图 5-13　"抖音"中内置的道具分类（一）

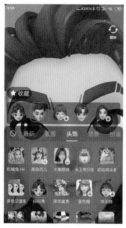

"头饰"分类

"场景"分类

"扮演"分类

"新奇"分类

"美妆"分类

"变形"分类

"测一测"分类

"游戏"分类

图 5-13　"抖音"中内置的道具分类（二）

5.1.4　分段拍摄

使用"抖音"App 进行短视频拍摄时，可以一镜到底持续拍摄，也可以使用"抖音"App 中的"分段拍"模式，在拍摄过程中暂停，转换镜头再继续拍摄。如要拍摄实现瞬间换装的短视频，可以在拍摄过程中暂停拍摄，更换衣服后再继续拍摄。

打开"抖音"App，进入短视频拍摄界面，点击界面底部的"分段拍"文字，切换到分段拍摄界面，如图 5-14 所示。点击界面底部的红色圆形图标，即可开始短视频的拍摄，如图 5-15 所示。

可以选择所需要拍摄短视频的时长，默认为 15 秒

图 5-14　"分段拍"模式

显示拍摄时间进度

图 5-15　开始短视频拍摄

小贴士：　"分段拍"模式为用户提供了两种短视频时长选择，分别是 15 秒钟、60 秒钟和 3 分钟，点击相应的文字即可选择所要拍摄的短视频的时长。

在拍摄过程中点击界面底部的红色正方形图标，即可暂停短视频的拍摄，获得第 1 段视频素材，在界面上方可见到红色的拍摄进度条，如图 5-16 所示。如果点击"删除"图标，可以将刚拍摄的第 1 段视频素材删除。

使用相同的操作方法，可以继续拍摄第 2 段视频。如果要结束短视频的拍摄，可以点击"√"图标，或者当拍摄时长达到所选择的短视频时长时，自动停止拍摄，并自动切换到短视频编辑界面，播放刚刚拍摄的短视频，如图 5-17 所示。

如果需要直接发布短视频或保存草稿，可以点击界面底部的"下一步"按钮，切换到"发布"界面，如图 5-18 所示。在该界面中可以选择将所拍摄的短视频直接发布或者保存到草稿中。

在完成短视频的拍摄后，可以先将其保存为草稿，方便后期编辑处理。在"发布"界面中点击"草稿"按钮，即可将短视频保存到草稿箱中。进入"抖音"App 中的"我"界面，点击"草稿箱"选项，进入"本地草稿箱"界面，如图 5-19 所示。

点击该图标，可以删除刚拍摄的短视频

图 5-16　完成第 1 段短视频拍摄

图 5-17 短视频编辑界面   图 5-18 "发布"界面   图 5-19 本地草稿箱

5.1.5 合拍与抢镜拍摄

利用"抖音"App 中的合拍功能，可以在一个短视频界面中同时显示他人拍摄的多个视频，该功能满足了很多用户想和自己喜欢的"网红"合拍的心愿。抢镜拍摄与合拍拍摄类似，是作为一个浮动窗口与所选择的短视频合成在一起的。

1. 合拍拍摄

打开"抖音"App，找到需要合拍的视频，点击界面右侧的"分享"图标，如图 5-20 所示。在界面下方显示相应的分享功能图标，点击"合拍"图标，如图 5-21 所示。程序处理完成后自动进入分屏合拍界面，默认为左右分屏，如图 5-22 所示。

图 5-20 点击"分享"图标   图 5-21 点击"合拍"图标   图 5-22 分屏合拍界面

点击界面右侧的"布局"图标，在界面底部显示布局选项，可以选择"左右""上下"或"三屏"布局。这里点击"上下"选项，将分屏合拍切换为上下布局方式，如图 5-23 所示。

点击"上下切换"图标，即可将上下两个分屏窗口进行切换，如图 5-24 所示。完成分屏窗口的布局设置之后，点击屏幕空白处即可，然后点击底部的红色圆形图标，即可开始分屏合拍，如图 5-25 所示。

图 5-23　选择分屏布局方式　　图 5-24　切换上下窗口　　图 5-25　开始合拍视频

2. 抢镜拍摄

在"抖音"App 中找到需要抢镜的视频,如图 5-26 所示。点击界面右侧的"分享"图标,在界面下方显示相应的分享功能图标,点击"抢镜"图标,如图 5-27 所示。程序处理完成后自动进入抢镜合拍界面,点击界面底部的红色圆形图标,即可开始抢镜拍摄,如图 5-28 所示。

图 5-26　找到需要抢镜的视频　图 5-27　点击"抢镜"图标　图 5-28　开始抢镜拍摄

小贴士:　在抢镜拍摄界面中的小浮动窗口中显示的是所选择需要抢镜的短视频,在该界面中可以拖动调整浮动窗口的位置。

5.1.6　导入短视频素材

在"抖音"App 中不仅可以拍摄短视频,还可以导入手机中的视频素材到"抖音"App 中进行处理,再发布短视频。

进入"抖音"App 的短视频拍摄界面,点击右下角的"相册"图标,如图 5-29 所示。进入相册素材选择界面,选择"视频"选项卡,选择需要导入的视频素材,如图 5-30 所示。点击"下一步"按钮,进入视频效果编辑界面,自动播放所导入的视频,如图 5-31 所示。

图 5-29　点击"相册"图标

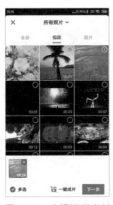

图 5-30　选择视频素材

图 5-31　视频效果编辑界面

　　点击视频效果界面右上角的"剪裁"图标，进入视频素材剪裁界面，并自动播放视频素材，如图 5-32 所示。点击界面底部的"快慢速"图标，可以在界面下方显示快慢速选项，如图 5-33 所示，默认为"标准"速度。点击视频预览左下角的"旋转"图标，可以将视频素材按顺时针方向旋转 90°，如图 5-34 所示。

　　按住并拖动视频预览界面底部画面两侧的红色竖线图标，可以对视频素材进行裁剪，如图 5-35 所示。对视频素材进行裁剪后，所导入的视频素材的时长也会发生相应地改变。

　　完成对视频素材的剪裁之后，点击界面中的"√"图标，即可保存对视频素材的剪裁操作，并返回到视频效果编辑界面；点击界面中的"×"图标，提示是否需要保存对视频素材的剪裁操作，可以取消对视频素材的剪裁操作。

图 5-32　视频剪裁界面

图 5-33　快慢速选项

图 5-34　旋转视频素材

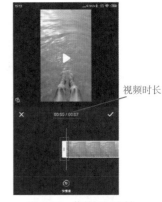

视频时长

图 5-35　裁剪视频素材

5.2　短视频效果的添加与设置

　　完成短视频的拍摄之后，可以直接在"抖音"App 中对短视频的效果进行设置，可以通过为短视频添加背景音乐、文字、贴纸、特效、滤镜等效果，美化短视频的视觉表现效果。

5.2.1　为短视频选择背景音乐

"抖音"作为一款音乐短视频 App，背景音乐自然是不可缺少的重要元素，背景音乐甚至能够影响到短视频拍摄的思维与节奏。

点击短视频拍摄界面右下角的"相册"图标，进入相册素材选择界面，选择"视频"选项卡，选择需要导入的视频素材，如图 5-36 所示。点击"下一步"按钮，进入短视频效果编辑界面，点击界面上方的"选择音乐"按钮，如图 5-37 所示。在界面底部显示一些自动推荐的背景音乐，如图 5-38 所示。

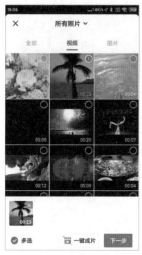
图 5-36　选择视频素材

图 5-37　点击"选择音乐"

图 5-38　显示推荐音乐

点击"更多音乐"图标，弹出"选择音乐"界面，如图 5-39 所示。点击"歌单分类"栏目名称右侧的"查看全部"按钮，进入"歌单分类"界面，显示"抖音"中所提供的所有歌单分类，可以根据短视频的风格选择相应的音乐分类，如图 5-40 所示。

点击选择一种音乐分类，显示该分类中的音乐列表，点击音乐名称或图片，即可试听该音乐，如图 5-41 所示。点击音乐名称右侧的"☆"图标，可以将音乐加入收藏，点击"使用"按钮，即可使用所选择的音乐作为背景音乐，自动返回到短视频效果编辑界面并应用刚选择的背景音乐，如图 5-42 所示。

点击界面底部的"收藏"按钮，可以切换到"收藏"选项卡，在该选项卡中显示用户加入收藏的音乐，便于快速使用，如图 5-43 所示。点击界面底部推荐音乐选项右上角的"剪取音乐"图标，显示音乐剪取选项，可以通过左右拖动音乐声谱从而剪取与短视频长度相等的一段音乐，剪取完成后点击"√"图标，如图 5-44 所示。

点击界面底部的"音量"按钮，可以切换到音量设置选项，如图 5-45 所示。"原声"选项用于控制短视频原声的音量大小，"配乐"选项用于控制所选择背景音乐的音量大小，可以通过拖动滑块的方式来调整"原声"和"配乐"的音量大小。

图 5-39　选择音乐界面

图 5-40　歌单分类

图 5-41　音乐分类列表

图 5-42　选择背景音乐

图 5-43　显示收藏的音乐

图 5-44　音乐剪取界面

图 5-45　音量设置选项

5.2.2　添加文字

　　进入"抖音"App 的短视频拍摄界面，点击短视频拍摄界面右下角的"相册"图标，导入一段视频素材，如图 5-46 所示。点击"下一步"按钮，进入短视频效果编辑界面，点击界面右侧的"文字"图标，如图 5-47 所示。

　　在界面底部显示文字输入键盘，直接输入需要的文字内容，并且可以在键盘上方选择一种字体，如图 5-48 所示。点击界面顶部的"颜色"图标，可以在键盘上方选择一种文字颜色，如图 5-49 所示。

　　点击界面顶部的"对齐方式"图标，可以在 3 种文字对齐方式之间进行切换，分别是左对齐、居中对齐和右对齐。

　　点击界面顶部的"样式"图标，可以在 4 种文字样式之间进行切换，分别是纯色背景、半透明背景、透明背景和黑色描边，如图 5-50 所示。

图 5-46　选择视频素材

图 5-47　点击"文字"

图 5-48　选择字体

图 5-49　选择文字颜色

纯色背景

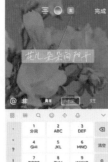
半透明背景

透明背景

黑色描边

图 5-50　4 种文字样式

　　点击右上角的"完成"按钮，完成文字内容的输入和设置，默认文字位于视频中间位置，按住文字并拖动可以调整文字的位置。

　　如果需要对文字内容进行编辑，可以点击所添加的文字，在弹出的菜单中可以进行相应的操作，如图 5-51 所示。

　　（1）文本朗读：点击"文本朗读"选项，可以对所添加的文字内容进行自动识别，并在视频播放过程中加入文字内容的朗读声音。

　　（2）设置时长：点击"设置时长"选项，在界面底部显示文字时长设置选项，默认所添加的文字时长与视频素材的时长相同，可以通过拖动左右两侧的红色竖线图标，调整文字内容在视频中的出现时间和结束时间，如图 5-52 所示。点击界面右下角的"√"图标，完成文字时长的调整。

图 5-51　文字编辑选项

　　（3）编辑：点击"编辑"选项，可以显示输入键盘，可以对文字内容进行修改，并且可以修改字体、字体样式、对齐方式和文字颜色。

　　如果需要删除所添加的文字内容，可以按住文字不放，在界面顶部会出现"删除"图标，如图 5-53 所示，将文字拖至"删除"图标上，即可删除文字。

图 5-52 调整文字时长

图 5-53 删除文字操作

小贴士： 对添加的文字内容还可以进行缩放和旋转操作，通过双指捏合操作，可以缩小文字；通过双指展开操作，可以放大文字；通过双指在屏幕上旋转可以对文字进行旋转操作。

5.2.3 添加贴纸

在编辑抖音短视频时，可以为其添加有趣的贴纸，并设置贴纸的显示时长。

在视频效果编辑界面中点击右侧的"贴纸"图标，如图 5-54 所示。在弹出窗口中显示内置的贴纸，包含两种类型的贴纸，分别是"贴图"和"表情"，如图 5-55 所示。在弹出的贴纸窗口中点击任意一个需要使用的贴纸，即可在当前视频中添加该贴纸，如图 5-56 所示。

完成贴纸的添加之后，按住拖动可以调整贴纸的位置；使用两指分开操作，可以放大所添加的贴纸；使用两指捏合操作，可以缩小所添加的贴纸；点击所添加的贴纸，可以弹出贴纸设置选项；按住贴纸不放，在界面顶部会出现"删除"图标，将贴纸拖入到删除图标上，即可删除贴纸。这些操作方法，与文字的操作方法基本相同，这里不再赘述。

图 5-54 点击"贴纸"

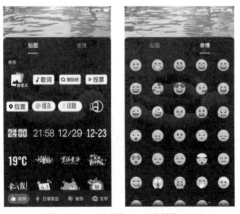

图 5-55 "贴图"和"表情"贴纸

图 5-56 添加贴纸

5.2.4　添加特效

在"抖音"App 中为用户提供了多种内置特效，使用特效能够快速实现许多炫酷的视觉效果，使短视频的表现更加富有创意。

在视频效果编辑界面中点击右侧的"特效"图标，如图 5-57 所示。切换到特效应用界面，提供了"梦幻""自然""动感""材质""转场""分屏""装饰"和"时间"共 8 种类型的特效可以选择，如图 5-58 所示。

不同特效的应用方式也有所区别，可以根据界面中的应用提示进行操作。

切换到"转场"特效分类中，该分类中的特效只需要点击相应的特效缩览图即可应用。例如点击"模糊变清晰"缩览图，在当前位置应用该特效，如图 5-59 所示，即可在当前位置应用固定时长的特效。切换到"动感"特效分类中，按住"闪屏"特效缩览图不放，自动播放视频并应用该特效，当放开手指时结束特效应用，如图 5-60 所示，特效的持续时间与按住不放的时间有关。

图 5-57　点击"特效"

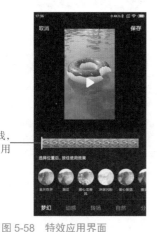

拖动白色竖线，调整开始应用特效的位置

图 5-58　特效应用界面　　　　图 5-59　点击应用特效　　　　图 5-60　长按不放应用

点击界面右上角的"保存"文字，可以保存特效设置，返回到视频效果编辑界面中。如果需要取消刚应用的特效，可以点击"撤销"按钮。

5.2.5　应用时间特效

在"抖音"App 中包含 3 种时间特效，分别是"时光倒流""反复"和"慢动作"，时间特效的应用与其他特效的应用也有所不同。

在视频效果编辑界面中点击右侧的"特效"图标，切换到特效应用界面，点击"时间"分类文字，切换到"时间"特效选项。

点击"时光倒流"图标，可以为短视频应用"时光倒流"特效，可以实现短视频倒放的效果，如图 5-61 所示。点击"反复"图标，可以应用"反复"特效，如图 5-62 所示。可以拖动滑块调整"反复"特效的应用范围和位置，应用"反复"特效的区域将会反复播放 3 次。点击"慢动作"图标，可以应用"慢动作"特效，拖动滑块可以调整"慢动作"特效的应用范围和位置，如图 5-63 所示。应用"慢动作"特效的区域将会以慢速进行播放。

图 5-61　应用"时光倒流"特效　图 5-62　应用"反复"特效　图 5-63　应用"慢动作"特效

小贴士：　　　"时光倒流"特效是针对整个短视频起作用的，不可以设置为短视频中的一段内容应用该特效，也就是说该特效的应用范围不可以调整。

5.2.6　添加其他效果

除了可以为短视频添加前面介绍的效果之外，在"抖音"App 的视频效果编辑界面中还可以为短视频添加滤镜、自动字幕等效果，下面分别进行简单介绍。

1. 滤镜

在视频效果编辑界面中点击右侧的"滤镜"图标，如图 5-64 所示。在界面底部显示内置滤镜选项，包含"人像""风景""美食""新锐"和"限时"5 种类型的滤镜，如图 5-65 所示。与短视频拍摄界面中的滤镜选项相同，点击滤镜预览选项，即可为短视频应用该滤镜，并且可以通过拖动滑块控制滤镜效果的强弱，如图 5-66 所示。

图 5-64　点击"滤镜"图标　　图 5-65　显示滤镜选项　　图 5-66　点击应用滤镜

2. 自动字幕

在视频效果编辑界面中点击右侧的"自动字幕"图标，如图 5-67 所示。自动对短视频中的歌曲字幕进行在线识别，识别完成后将自动显示字幕内容，如图 5-68 所示。

点击"编辑"图标，进入字幕编辑界面，可以对自动识别得到的字幕进行修改，如图 5-69 所示。修改完成后点击界面右上角的"√"图标，返回到自动识别字幕界面中。

图 5-67　点击"自动字幕"

图 5-68　得到识别字幕

图 5-69　修改字幕

🖋 小贴士：　"自动字幕"功能可以识别视频素材中的原始语音，但原始语音最好是中文普通话，这样会具有比较高的识别率。

点击"字体"图标，进入字体设置界面，可以设置字体、字体样式和文字颜色，这里的设置与输入文字的设置相同，如图 5-70 所示。修改完成后点击界面右下角的"√"图标，返回到自动识别字幕界面中。

3. 画质增强

在视频效果编辑界面中点击右侧的"画质增强"图标，可以自动对短视频的整体色彩和清晰度进行适当地调整，使短视频的画质具有很好的表现效果，如图 5-71 所示。"画质增强"功能没有设置选项，属于自动调节功能。

4. 变声

在视频效果编辑界面中点击右侧的"变声"图标，在界面底部显示变声选项，包含"花栗鼠""小哥哥""麦霸""扩音器""机器人""没电了""颤音""电音""合成器""小黄人""巨人"和"声波"等多种类型的声调，如图 5-72 所示。点击相应的变声选项，即可将该短视频中的声音变成相应的音调效果，使短视频更具有独特个性。

图 5-70　设置文字效果

图 5-71　应用"画质增强"效果

图 5-72　显示"变声"选项

5.3 使用"抖音"中的模板快速制作短视频

使用"抖音"App 中的影集模板功能，只需根据影集模板的提示替换模板中相应数量的照片，即可快速地制作出属于自己的影集短视频，非常方便、快捷，而且都具有非常不错的视觉效果。

实战 使用"抖音"中的模板快速制作短视频

源文件：源文件 \ 第 6 章 \ 使用"抖音"中的模板快速制作短视频 .mp4　　　视频：视频 \ 第 6 章 \6-3.mp4

（1）打开"抖音"App，点击界面底部的"+"图标，进入短视频创作界面，点击界面底部的"影集"按钮，切换到影集模板界面，如图 5-73 所示。在不同的选项分类中点击相应的影集模式，即可进行影集效果的浏览，如图 5-74 所示。

（2）如果确定使用当前影集模板来创建短视频，可以点击底部的"选择照片"按钮，在弹出的窗口中选择相应的照片素材，如图 5-75 所示。

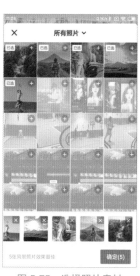

图 5-73　影集模板界面　　　　图 5-74　预览影集效果　　　　图 5-75　选择照片素材

小贴士： 在每个影集模板的下方说明文字中会说明当前影集模板使用几张照片能够获得最佳的效果，可根据所选择的影集模板来决定照片素材的数量。

（3）完成素材照片的选择，点击"确定"按钮，自动对所选择的照片素材进行处理，并显示该短视频的编辑界面，如图 5-76 所示。可以使用界面右上角提供的功能图标，为短视频添加文字、贴纸、特效、滤镜和画质增强效果。例如点击"画质增强"图标，使短视频的画面色彩更鲜艳一些，如图 5-77 所示。

（4）点击"下一步"按钮，进入发布界面，如图 5-78 所示。点击"选封面"按钮，进入封面选择界面，默认的封面为短视频第 1 帧画面，如图 5-79 所示。

（5）在视频帧画面条上拖动红色方框，可以选择要作为封面图的视频帧画面，如图 5-80 所示。完成封面的设置，点击界面右上角的"保存"文字，保存封面设置并返回到"发布"界面中，填写短视频标题并点击选择相应的话题，如图 5-81 所示。

图 5-76　预览短视频效果　　　　　　　　图 5-77　点击"画质增强"图标

图 5-78　发布界面　　　　　　　　　　图 5-79　封面选择界面

图 5-80　选择封面效果　　　　　　　　图 5-81　填写标题和话题

小贴士： 在封面选择界面的底部还可以为封面添加标题文字，根据短视频的内容，会为用户推荐一些标题，直接点击即可添加。也可以点击"自定义"选项，手动输入封面标题文字，在"样式"选项卡中可以对所输入标题文字的字体、文字颜色等样式进行设置。

（6）点击"发布"按钮，即可完成该短视频的发布，可以看到使用影集模板快速制作的短视频效果，如图 5-82 所示。

图 5-82　预览短视频效果

5.4　手机端短视频剪辑软件应用

对拍摄的视频片段进行剪辑处理是短视频后期创作过程中非常重要的环节，移动端还有许多短视频剪辑制作的 App，本节将向读者介绍几款手机端短视频剪辑制作 App，使读者能够了解并掌握更多短视频制作 App 的使用方法和技巧，方便进行短视频的后期编辑和制作。

5.4.1　认识"剪映"App

"剪映"是"抖音"短视频推出的官方短视频剪辑 App，可用于手机短视频的剪辑制作和发布。带有全面的视短频剪辑功能，支持变速、多样滤镜效果，以及丰富的曲库资源。"剪映"App 目前发布的系统平台有 iOS 版和 Android 版。图 5-83 所示为"剪映"App 图标。

1. 认识初始工作界面

打开"剪映"App，进入"剪映"默认的初始工作界面。起始界面由 3 个部分构成，分别是"创作区域""草稿区域"和"功能菜单区域"，如图 5-84 所示。

图 5-83　"剪映"图标

（1）创作区域。

开始创作：点击"开始创作"按钮，切换到素材选择界面，可以选择手机中需要编辑的视频或照片素材，如图 5-85 所示，或者选择"剪映"自带的"素材库"中的素材，如图 5-86 所示，完成素材的选择，即可进入视频编辑界面，进行短视频的创作。

创作区域

草稿区域

功能菜单区域

图 5-84　起始界面

图 5-85　素材选择界面

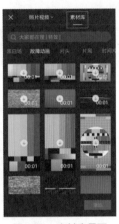

图 5-86　素材库界面

一键成片：点击"一键成片"按钮，同样切换到素材选择界面中，可以选择手机中相应的视频或照片素材，如图 5-87 所示。点击"下一步"按钮，"剪映"会自动对所选择的素材进行分析，向用户推荐相应的模板，如图 5-88 所示，用户只需要选择一个模板，即可快速导出短视频。

图文成片：该功能是"剪映"新推出的功能，只需要将"今日头条"中的文章链接地址进行粘贴，或者手动输入文字内容，如图 5-89 所示。"剪映"会自动对文字内容进行分析，为文字内容匹配相应的图片、字幕、配音和背景音乐，快速生成短视频。

图 5-87　选择素材

图 5-88　选择模板

图 5-89　"图文成片"界面

拍摄：点击"拍摄"按钮，可以进入"剪映"App 的拍摄界面。拍摄视频或者照片，在拍摄中有多种风格、滤镜、美颜效果可供用户选择，如图 5-90 所示。在该界面中点击"模板"选项，进入模板选择界面，该界面提供了多种不同类型的模板，如图 5-91 所示。选择喜欢的模板，点击"拍同款"按钮，进入模板拍摄界面，在该界面中会提示用户该模板需要多少段素材、每段素材的时长是多少，如图 5-92 所示。根据提示进行拍摄，可以快速制作出与模板同款的短视频。

录屏：该功能是"剪映"新推出的功能，点击该按钮，即可进入录屏界面中，如图 5-93 所示，可以设置录屏参数，并对手机屏幕进行录屏操作。

图 5-90　拍摄界面

图 5-91　模板选择界面　　　图 5-92　模板拍摄界面　　　图 5-93　录屏界面

（2）草稿区域。"剪映"初始工作界面的中间部分为"草稿区域"，该部分包含"剪辑""模板""图文"和"云备份"4 个选项区，如图 5-94 所示。在"剪映"App 中所有未完成的视频剪辑都会显示在"剪辑"选项区中。需要注意的是，已经剪辑完成的视频在保存到本地的时候，同时也保存到了"草稿区域"中的"剪辑"选项区中。

点击"草稿区域"右上角的"管理"图标，可以选择一个或多个需要删除的视频剪辑草稿，点击底部的"删除"图标，即可将选中的视频剪辑草稿删除，如图 5-95 所示。

点击某一条视频剪辑草稿右侧的"更多"图标，在界面底部的弹出的菜单中为用户提供了"重命名""复制草稿"和"删除"选项，如图 5-96 所示，点击相应的选项，即可对当前所选择的视频剪辑草稿进行相应的操作。

（3）功能操作区域。"剪映"起始工作界面的最底部为"功能操作区域"，该部分包含了"剪映"App 的主要功能分类。

剪辑：该界面是"剪映"App 的起始工作界面。

剪同款：该界面中为用户提供了多种不同风格的短视频模板，如图 5-97 所示，方便新用户快速上手，制作出精美的同款短视频。

创作学院：该界面为用户提供了有关短视频创作的相关在线教程，如图 5-98 所示，供用户学习。

图 5-94　草稿区域　　　　图 5-95　删除视频剪辑草稿　　　图 5-96　视频剪辑草稿编辑选项

图 5-97　"剪同款"界面　　　　　　图 5-98　"创作学院"界面

消息：该界面显示用户所收到的各种消息，包括官方的系统消息、发表的短视频评论、粉丝留言、点赞等，如图 5-99 所示。

我的：该界面是个人信息界面，显示用户个人信息以及喜欢的短视频模板等内容，如图5-100所示。

图 5-99　"消息"界面　　　　　　图 5-100　"我的"界面

2. 认识视频剪辑界面

在"剪映"App 起始界面的"创作区域"中点击"开始创作"按钮，在弹出的界面中将显示当前手机中的视频和照片，选择需要剪辑的视频，如图 5-101 所示。点击"添加"按钮，即可进入到视频剪辑界面中，该界面主要分为"预览区域""时间轴区域"和"工具栏区域"3 部分，如图 5-102 所示。

可以选择手机中的视频或照片

图 5-101 选择要剪辑的视频

预览区域

时间轴区域

工具栏

图 5-102 进入视频剪辑界面

在"预览区域"的底部为用户提供了相应的视频播放图标。

在"时间轴区域"，上方显示的是视频的时间刻度；白色竖线为时间指示器，指示当前的视频位置，可以在时间轴上任意滑动视频；点击时间轴左侧的喇叭状图标，可以开启或关闭视频中的原声。

在时间轴区域进行双指捏合操作，可以缩小轨道时间轴大小，如图 5-103 所示，适合视频的粗放剪辑；在时间轴区域进行双指分开操作，可以放大轨道时间轴大小，如图 5-104 所示，适合视频的精细剪辑。

如果还希望添加其他的素材，可以点击时间轴右侧的"+"图标，可以在弹出的界面中选择需要添加的视频或图片素材即可。

小贴士： 在视频轨道的下方可以增加音频轨道、文本轨道、贴纸轨道和特效轨道，音频、文本和贴纸轨道可能有多条，而特效轨道只能有一条。

在视频剪辑界面底部的"工具栏区域"中点击相应的图标，即可显示该工具的二级工具栏，如图 5-105 所示，通过二级工具栏中的工具，可以实现视频中相应内容的添加。

完成视频的剪辑处理之后，在界面右上角点击"分辨率"选项，可以在弹出的窗口中设置需要发布视频的"分辨率"和"帧率"，如图 5-106 所示。

小贴士： "帧率"选项用于设置视频的帧频率，即每秒钟播放多少帧画面。"帧率"选项为用户提供了 5 种帧频率可供选择，通常选择默认的 30 即可，表示每秒播放 30 帧画面。

图 5-103 缩小轨道时间轴

图 5-104　放大轨道时间轴　　　　图 5-105　二级工具栏　　　　图 5-106　导出设置选项

5.4.2　"剪映"的基本操作

在开始使用"剪映"App 对短视频进行编辑制作之前，首先需要掌握"剪映"App 中各种短视频剪辑操作方法，这样才能取得事半功倍的效果。

1.导入素材

在进行短视频制作之前，首先需要导入相应的素材，在"剪映"App 中不仅可以使用手机拍摄的视频和图片素材，其本身还提供了素材库供用户选择素材。

打开"剪映"App，点击"开始创作"图标，在选择素材界面中点击"素材库"选项，切换到"素材库"选项卡中，在该选项卡中内置了丰富的素材可供选择，如图 5-107 所示。

在"素材库"选项卡点击需要使用的素材，可以将该素材下载到用户的手机存储中，下载完成后可以将其选中，点击界面底部的"添加"按钮，如图 5-108 所示。切换到视频剪辑界面，将所选择的视频素材添加到时间轴中，如图 5-109 所示，完成素材库中素材的导入操作。

图 5-107　"素材库"选项卡　　图 5-108　选择需要导入的素材　图 5-109　素材显示在时间轴中

小贴士：　在"素材库"选项卡中为用户提供的都是视频片段，所以素材中的文字并不支持修改。

除了可以导入"素材库"中的视频素材之外，还可以导入手机中的任意视频或照片素材。在选择素材界面中选择需要导入的手机存储中的素材，点击"添加"按钮，如图 5-110 所示。切换到视频剪辑界面，并将所选择的素材添加到时间轴中，如图 5-111 所示。

2. 设置视频比例和背景

在"剪映"App 中导入视频素材，进入视频编辑界面，点击界面底部的"比例"图标，显示"比例"的二级工具栏，这里为用户提供了 9 种视频比例，如图 5-112 所示。点击相应的比例选项，即可将当前视频项目的比例修改为所选择的视频比例。

  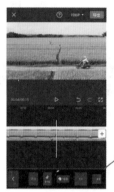

图 5-110　选择本机素材　　图 5-111　添加到时间轴　　　　图 5-112　提供了 9 种视频比例

小贴士：　项目的原始视频比例由第 1 个素材的比例决定，例如所选择的第 1 张素材图片的比例为 16：9，所以所创建的视频的比例就是 16：9 的。

双指捏合操作，缩小素材

在时间轴区域选择需要调整的素材，在视频预览区域通过双指捏合的方式，将素材缩小。在界面底部点击"返回"图标，返回到主工具栏中，点击"背景"图标，显示"背景"的二级工具栏，这里为用户提供了 3 种背景方式，如图 5-113 所示。

点击"画布颜色"选项，在界面底部显示颜色选择器，可以选择一种纯色作为视频的背景，如图 5-114 所示；点击"画布样式"选项，在画布样式中为用户提供了多种不同效果的背景图片，可以选择一张背景图片作为视频的背景，如图 5-115 所示；点击"画布模糊"选项，显示 4 种模糊程度供用户选择，点击其中一种，即可使用该糊糊程度对素材进行模糊处理并作为视频的背景，如图 5-116 所示。

图 5-113　3 种背景方式

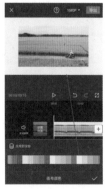  

图 5-114　使用纯色背景　　　图 5-115　使用图片背景　　　图 5-116　使用模糊背景

5.4.3　在"剪映"中对短视频进行编辑

"剪映"是"抖音"官方的全免费短视频剪辑处理应用,为用户提供了强大且方便的短视频后期剪辑处理功能,本节将介绍如何在"剪映"中对短视频进行编辑处理。

1.两种剪辑方法

剪辑视频通常有两种方法,一种是粗剪,即对视频进行大致的剪辑处理;另一种是精剪,通常是对视频进行逐帧的细致剪辑处理。通常粗剪与精剪相结合,即可完成视频的剪辑处理。

(1)粗剪。对素材进行粗剪只需要进行 4 个基本操作,分别是"拖动""分割""删除"和"排序"。

进入视频剪辑界面,在时间轴中选中需要剪辑的素材,点击底部工具栏中的"剪辑"图标,当前素材会显示白色的边框,如图 5-117 所示。拖动素材白色边框的左侧或右侧,即可对该视频素材进行裁剪或恢复操作,如图 5-118 所示。

图 5-117　选择素材

如果视频素材的中间某一部分不想要,可以将时间指示器移至视频相应的位置,点击底部工具栏中的"剪辑"图标,显示"剪辑"的二级工具栏,点击"分割"图标,即可在时间指示器位置将视频素材分割为两段视频,如图 5-119 所示。

将时间指示器移至视频合适的位置,再次点击底部工具栏中的"分割"图标,将视频素材分割为三段,如图 5-120 所示。

图 5-118　进行删除操作

图 5-119　视频分割操作

图 5-120　视频分割操作

在时间轴中选择不需要的视频片段,点击底部工具栏中的"剪辑"图标,显示"剪辑"二级工具栏,点击"删除"图标,即可将选择的视频片段删除,如图 5-121 所示。

在时间轴中选中并长按素材不放,时间轴中所有素材会变成小方块,可以通过拖动方块的方式调整视频片段的顺序,如图 5-122 所示。通过对时间轴中的素材进行排序操作,将素材按照脚本顺序排列,这样我们就基本完成了视频的粗剪工作。

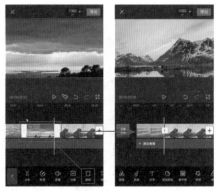
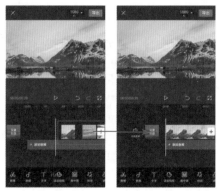

图 5-121　删除不需要的视频片段　　　　　　　　图 5-122　调整视频片段顺序

　　（2）精剪。在视频剪辑界面的时间轴区域，通过两指分开操作，可以放大时间轴轨道大小，如图 5-123 所示，就可以对时间轴中的素材进行精细剪辑。

　　"剪映"App 支持的最高剪辑精度为 4 帧画面，4 帧画面的精度已经能够满足我们大多数的视频剪辑需求，低于 4 帧画面的视频片段是无法进行分割操作的，如图 5-124 所示。等于或高于 4 帧画面的视频片断才可以进行分割操作。

低于 4 帧的画面
无法进行分割

图 5-123　放大轨道时间轴大小　　　　　图 5-124　低于 4 帧的画面无法进行视频分割

　　小贴士：　需要注意的是，在时间轴中选择视频素材，通过拖动该视频素材首尾的白色边框剪辑视频的操作方法，可以实现逐帧剪辑。

　　2. 为素材添加滤镜

　　打开"剪映"App，添加相应的视频素材，点击底部工具栏中的"滤镜"图标，在界面底部显示相应的滤镜选项，如图 5-125 所示。

　　"剪映"提供了多种不同类型的滤镜，点击滤镜预览图即可在预览区域查看应用该滤镜的效果，并且可以通过滑块调整滤镜效果的强弱，如图 5-126 所示。点击"√"图标，返回视频剪辑界面，在时间轴中自动添加滤镜轨道，如图 5-127 所示。

图 5-125　显示滤镜选项

图 5-126　点击应用滤镜

图 5-127　自动添加滤镜轨道

　　在时间轴区域拖动滤镜白色边框的左右两端，可以调整该滤镜的应用范围，如图 5-128 所示。

　　"剪映" App 中支持为创作的短视频同时添加多个滤镜，在空白处点击，不要选择任何对象，点击底部工具栏中的"新增滤镜"图标，即可为短视频添加第 2 个滤镜，如图 5-129 所示。如果需要删除某个滤镜，只需要在时间轴中选择需要删除的滤镜轨道，点击底部工具栏中的"删除"图标，如图 5-130 所示，即可将选中的滤镜删除。

图 5-128　调整滤镜范围

图 5-129　添加第 2 个滤镜

图 5-130　删除滤镜

　　小贴士：　通常会在以下两种情形下使用滤镜：一是回忆片段，通过为回忆片段添加滤镜，能够很好地与其他视频素材相区别；二是存在瑕疵的视频素材，通过添加滤镜可能会很好地掩盖视频中的瑕疵。

3. 为素材添加特效

　　通过使用"剪映" App 中所提供的特效库，可以轻松地在短视频中实现许多炫酷的短视频特效。

　　打开"剪映" App，添加相应的视频素材，点击底部工具栏中的"特效"图标，在界面底部显示相应的特效选项。"剪映"内置了"热门""魔法道具""基础""氛围""动感""爱心""综艺""Bling"

"自然""复古""边框""光影""分屏""漫画"和"纹理"共15种分类丰富的特效，如图5-131所示。

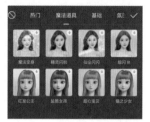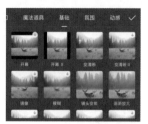

图 5-131　内置的不同分类特效

点击相应的特效预览图，即可在视频预览区域中看到该特效的效果，例如这里点击"氛围"分类中的"光斑飘落"特效，如图5-132所示。

点击"√"图标，返回视频剪辑界面，在时间轴中自动添加特效轨道，如图5-133所示。与添加滤镜相同，在时间轴区域拖动特效白色边框的左右两端，可以调整该特效的应用范围，如图5-134所示。

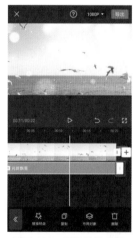

图 5-132　应用特效　　　　图 5-133　自动添加特效轨道　　　　图 5-134　调整特效范围

与滤镜相同，同样可以为短视频时时添加多个特效，并且选择时间轴中所添加的特效，可以使用工具栏中的工具对所添加的特效进行编辑操作。

小贴士：　特效在视频中的大量应用也让大众对很多视频特效产生了审美疲劳，所以我们在短视频的创作过程中，重点还是在于视频内容，而不是多么花哨的特效。

4. 添加文本

进入"剪映"App中的视频编辑界面，点击底部工具栏中的"文字"图标，显示"文字"二级工具栏，如图5-135所示。点击工具栏中的"新建文本"图标，即可在视频素材上显示默认文本框，可以输入需要添加的文本内容，如图5-136所示。确认文字的输入后，在界面下方可以通过多个选项卡对文本效果进行设置。

在"样式"选项卡中可以设置文字的样式效果，可以选择字体、文字样式预设、文字色等，如图5-137所示。

图 5-135　"文本"工具栏

图 5-136　输入文字

选择字体

选择预设文字样式

填充、描边、阴影颜色等

文字透明度

图 5-137　"样式"选项

在预览区域中可能看到文字边框中左上角和右下角的图标，点击左上角的"删除"图标，可以将文字删除，按住右下角的"缩放"图标并拖动可以进行文字缩放，如图 5-138 所示。

在"花字"选项卡中为用户提供了多种预设的综艺花字效果，点击相应的花字预览即可为文字应用该种花字效果，如图 5-139 所示。

在"气泡"选项卡中为用户提供了多种预设的气泡文字效果，点击相应的气泡预览即可为文字应用该种气泡效果，如图 5-140 所示。

在"动画"选项卡中提供了不同类型的文字动画预设，包括"入场动画""出场动画"和"循环动画"。点击相应的动画预览即可为文字应用该种动画效果。在动画预览的下方会出现滑块，拖动滑块可以调整文字动画的持续时间，如图 5-141 所示。

删除

缩放

图 5-138　文字缩放操作

图 5-139　应用花字效果

图 5-140　应用气泡效果

图 5-141　应用动画选项

小贴士： 还可以使用"文字模板"功能来添加文字，点击"文字"二级工具栏中的"文字模板"图标，在界面底部显示多种内置的文字模板，点击选择一种合适的文字模板，即可使用该文字模板，修改文字模板中的默认的文字，即可完成文字效果的添加，非常方便。

5. 添加贴纸

点击"文字"二级工具栏中的"添加贴纸"图标，在界面底部显示各种风格的内置贴纸供用户选择，如图5-142所示。点击一种贴纸，即可将点击的贴纸添加到视频中，如图5-143所示。点击"√"图标，在时间轴中自动添加贴纸轨道，可以在预览区域中调整贴纸到合适的大小和位置，如5-144所示。

图 5-142　显示贴纸选项

图 5-143　选择一种贴纸

图 5-144　调整贴纸大小和位置

选择添加的贴纸，在底部工具栏中可以看到相关的操作图标，如图5-145所示。可以对贴纸进行分割、复制、翻转等操作。点击"动画"图标，在界面底部显示针对贴纸的相关动画预设，点击选择一种动画预设，如图5-146所示。点击"√"图标，为贴纸应用相应的动画效果，在预览区域点击"播放"图标，可以看到添加的贴纸动画效果，如图5-147所示。

图 5-145　贴纸工具图标

图 5-146　为贴纸添加动画

图 5-147　预览贴纸动画效果

小贴士：　在"文字"二级工具栏中除了"新建文本"和"添加贴纸"这两个功能之外，还包含"识别字幕"和"识别歌词"功能。"识别字幕"功能主要用于识别视频或声音素材中的人物语言，"识别歌词"功能主要用于识别视频或声音素材中的人物歌声，从本质上来说这两个功能属于同一种功能。

6. 五种添加音频的方法

（1）使用音乐库中的音乐。将素材添加到时间轴后，点击底部工具栏中的"音频"图标，显示"音频"的二级工具栏，如图 5-148 所示。点击二级工具栏中的"音乐"图标，显示音乐库界面，为用户提供了丰富的音乐类型分类，如图 5-149 所示。

在音乐库界面的下方还为用户推荐了一些音乐，用户只需要点击相应的音乐名称，即可试听该音乐效果，如图 5-150 所示。

喜欢的音乐，用户只需要点击该音乐右侧的"收藏"图标，即可将该音乐加入到"我的收藏"选项卡中，如图 5-151 所示，便于下次能够快速找到该音乐。

图 5-148　"音频"工具栏

图 5-149　音乐库界面

图 5-150　点击试听音乐

图 5-151　"我的收藏"选项卡

"抖音收藏"选项卡中显示的是同步用户"抖音"音乐库中所收藏的音乐，如图 5-152 所示。在"导入音乐"选项卡中包含 3 种导入音乐的方式，点击"链接下载"图标，在文本框中粘贴"抖音"或其他平台分享的音频/音乐链接，如图 5-153 所示。

（2）提取音乐。点击"提取音乐"图标，点击"去提取视频中的音乐"按钮，如图 5-154 所示，可以在显示的界面中选择本地存储的视频，点击界面底部的"仅导入视频中的声音"按钮，如图 5-155 所示，即可将选中的视频中的音乐提取出来。

小贴士：　使用外部音乐需要注意音乐的版权保护，随着版权意识的不断增强，使用外部音乐时尽量使用一些无版权的音乐。

图 5-152　"抖音收藏"

图 5-153　"链接下载"　　　　图 5-154　"提取音乐"　　　　图 5-155　选择需要提取的视频

（3）使用本地音乐。点击"本地音乐"图标，在界面中会显示当前手机存储的本地音乐文件列表，如图 5-156 所示。

（4）添加内置音效。为短视频选择合适的音效能够有效提升视频的效果。在视频剪辑界面中点击界面底部工具栏中的"音效"图标，在界面底部弹出音效选择列表。"剪映"App 中内置了种类繁多的音效。音效的添加方法与添加音乐的方法基本相同。点击需要使用的音效名称，会自动下载并播放该音效。点击音效右侧的"使用"按钮，如图 5-157 所示，即可使用所下载的音效，音效会自动添加到当前所编辑的视频素材的下方，如图 5-158 所示。

图 5-156　"本地音乐"列表　　　图 5-157　下载并使用音效　　　图 5-158　音效添加到时间轴

（5）录音。点击底部工具栏中的"录音"图标，在界面底部显示"录音"图标，如图 5-159 所示。按住"录音"图标不放，即可进行录音操作，如图 5-160 所示，松开手指完成录音操作，点击右下角的"√"图标，录音会直接添加到所编辑视频素材的下方，如图 5-161 所示。

图 5-159　显示"录音"图标

图 5-160　进行录音操作

图 5-161　录音添加到时间轴

7. 对音频进行剪辑操作

在视频剪辑界面中为视频素材添加音频之后，同样可以对所添加的音频进行剪辑操作。

在时间轴中点击选择需要剪辑的音频，在界面底部工具栏中会显示针对音频编辑的工具图标，如图 5-162 所示。

音量：点击工具栏中的"音量"图标，在界面底部显示音量设置选项，默认音量为 100%，最高支持两倍音量，如图 5-163 所示。

淡化：点击工具栏中的"淡化"图标，在界面底部显示音频淡化设置选项，包括"淡入时长"和"淡出时长"两个选项，如图 5-164 所示。淡化是音频编辑中常用的一个功能，通常为音频设置淡入和淡出设置，使音频开始和结束不会很突兀。

图 5-162　显示音频编辑工具

图 5-163　显示音量设置选项

图 5-164　显示音频淡化设置选项

小贴士：　当我们在一段音乐中截取一部分作为视频的音频素材时，截取部分的开始很突然，结尾戛然而止，这样的音频素材就可以通过"淡化"选项的设置，使音频产生淡入淡出的效果。

分割：点击工具栏中的"分割"图标，可以在当前位置将所选择的音频分割为两部分，如图 5-165 所示。

踩点：点击工具栏中的"踩点"图标，在界面底部显示踩点的相关设置选项，如图 5-166 所示，点击"添加点"按钮，可以在相应的音乐位置添加点。

复制：点击工具栏中的"复制"图标，可以对当前选中的音频素材进行复制操作。

变速：点击工具栏中的"变速"图标，在界面底部显示音频变速设置选项，如图 5-167 所示，可以加快或放慢音频的速度。

删除：点击工具栏中的"删除"图标，可以将选中的音频素材删除。

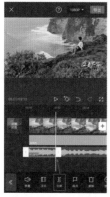  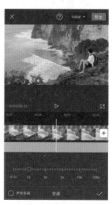

图 5-165　分割音频　　图 5-166　音频踩点选项　　图 5-167　音频变速选项

5.4.4　使用画中画功能

画中画是一种视频内容呈现方式，是指在一部视频全屏播放的同时，于画面的小面积区域上同时播放另一部视频。

打开"剪映"App，点击"开始创作"图标，选择相应的视频素材，切换到视频剪辑界面，点击底部工具栏中的"画中画"图标，显示"画中画"的二级工具栏，如图 5-168 所示。

点击底部工具栏中的"新增画中画"图标，在选择素材界面中选择另一个素材，点击"添加"按钮，如图 5-169 所示。切换到视频剪辑界面，就可以在主轨道的下方添加所选择的视频或图片素材，如图 5-170 所示。

图 5-168　"画中画"二级工具栏　　图 5-169　选择另一个素材　　图 5-170　在主轨道下方添加素材

　　在预览区域中使用手指捏合或分开操作，可以对刚添加的画中画素
材进行缩放操作，如图 5-171 所示。在预览区域中使用手指按住素材，可
以进行移动操作，如图 5-172 所示。

　　点击底部工具栏中的"画中画"图标，再点击"新增画中画"图标，
可以再选择另一个画中画素材，切换到视频剪辑界面，就可以在主轨道
的下方添加第 2 个画中画素材，如图 5-173 所示。在预览区域中调整刚添
加的画中画素材到合适的大小和位置，如图 5-174 所示。

　　👤 小贴士：　在"剪映"App 中最多支持 6 个画中画，也就是 1 个
主轨道和 6 个画中画轨道，总共可以同时播放 7 个视频。当一个视频剪
辑中包含多个画中画素材时，后添加的画中画素材的层级较高，在重叠
区域层级高的素材会覆盖低层级的素材。

图 5-171　缩放素材操作

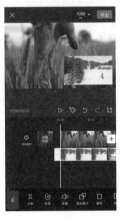  

图 5-172　移动素材操作　　　　　图 5-173　添加画中画　　　　　图 5-174　调整大小和位置

　　在时间轴中选择任意一个画中画素材，点击底部工具栏中的"层级"图标，如图 5-175 所示。
在弹出的选区中可以修改所选择画中画素材的层级，如图 5-176 所示。修改画中画素材的层级后，
在预览区域中可以看到素材层级的变化，而时间轴区域中画中画素材的位置无变化，如图 5-177 所示。

图 5-175　点击"层级"图标　　　　图 5-176　显示层级选项　　　　图 5-177　调整层级效果

在时间轴中选择相应的画中画素材，点击底部工具栏中的"切主轨"图标，如图 5-178 所示。可以将所选择的画中画素材移动至主轨素材之前，如图 5-179 所示。

同样也可以将主轨道中的素材移至画中画轨道中。选择主轨道中需要移至画中画轨道的素材，点击底部工具栏中的"切画中画"图标，即可将所选择的主轨道素材移至画中画轨道中，如图 5-180 所示。

 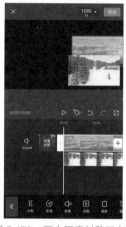 

图 5-178　点击"切主轨"图标　　图 5-179　画中画素材移至主轨　　图 5-180　主轨素材移至画中画

小贴士：　如果需要将主轨道中的素材切到画中画轨道中，那么主轨道中必须包含至少两段以上素材，否则无法将素材切到画中画轨道中。

5.5　使用"剪映"App 剪辑制作短视频

通过前面内容的学习，已经基本掌握了"剪映"App 的操作方法，以及简单的视频剪辑方法，本节将通过一些短视频案例的制作，使读者对在"剪映"App 中处理和编辑短视频有更深入的理解和掌握。

5.5.1　实战——制作短视频标题特效

本案例制作一个短视频标题粒子消散效果，该效果的制作主要是通过为文字添加动画效果，将文字的入场与出场动画与准备好的粒子视频素材相结合，设置粒子视频素材的混合模式，从而表现出短视频标题文字的粒子消散效果。

实战　制作短视频标题特效

源文件：源文件 \ 第 6 章 \ 短视频标题特效 .mp4　　视频：视频 \ 第 6 章 \6-5-1.mp4

（1）打开"剪映"App，点击"开始创作"图标，在选择素材界面中选择相应的视频素材，点击"添加"按钮，如图 5-181 所示。进入短视频编辑界面，点击底部工具栏中的"文字"图标，如图 5-182 所示。点击"文字"二级工具栏中的"添加文本"图标，输入标题文字，如图 5-183 所示。

（2）在"样式"选项区中为标题文字选择一种字体，并且设置文字颜色和描边颜色，在预览区域调整文字到合适的大小和位置，如图 5-184 所示。切换到"动画"选项卡中，点击"渐显"选项，为标题文字应用"渐显"入场动画，如图 5-185 所示。

（3）切换到"出场动画"中，点击"打字机Ⅱ"选项，为标题文字应用"打字机Ⅱ"出场动画，如图 5-186 所示。拖动下方的滑块，调整入场动画和出场动画的时长均为 1 秒钟，如图 5-187 所示。

图 5-181　选择视频素材

图 5-182　点击"文字"图标

图 5-183　输入标题文字

图 5-184　设置文字样式

图 5-185　应用入场动画

图 5-186　应用出场动画

（4）点击"√"图标，完成标题文字的设置。滑动时间轴区域，将时间指示器移至文字开始消失的位置，如图 5-188 所示。取消文字轨道的选中状态，返回到主工具栏中，点击"画中画"图标，如图 5-189 所示。在二级工具栏中点击"新增画中画"图标，在选择素材界面中选择粒子消散的视频素材，点击"添加"按钮，如图 5-190 所示。

（5）将粒子消散视频素材添加到时间轴中，如图 5-191 所示。在预览区域通过两指分开操作，放大该画中画素材，使其完全覆盖预览区域，如图 5-192 所示。点击底部工具栏中的"混合模式"图标，在弹出的选项中点击选择"滤色"选项，如图 5-193 所示。

（6）点击"√"图标，应用混合模式设置。预览文字消失动画与画中画的粒子视频是否吻合，如果不吻合，可以通过画中画素材调整其出现时间，如图 5-194 所示。

图 5-187　调整动画时长

（7）返回到主工具栏中，点击"音频"图标，在二级工具栏中点击"音乐"图标，进入"添加音乐"界面，如图 5-195 所示。点击"纯音乐"分类，进入"纯音乐"分类列表，找到适合的音乐，点击"使用"按钮，如图 5-196 所示。

图 5-188　调整指间指示器位置

图 5-189　点击"画中画"图标

图 5-190　选择视频素材

图 5-191　添加画中画素材

图 5-192　调整画中画素材大小

图 5-193　应用"滤色"模式

图 5-194　调整素材开始时间

图 5-195　"添加音乐"界面

图 5-196　选择合适的音乐

（8）将所选择的音乐添加到时间轴区域中的音乐轨道中，如图 5-197 所示。点击选择时间轴中刚添加的音乐，拖动其右侧的白色裁剪图标，将音乐的时长调整为与视频素材时长相同，如图 5-198 所示。点击底部工具栏中的"淡化"图标，在界面底部显示淡化选项，设置"淡出时长"为 2 秒钟，如图 5-199 所示。

图 5-197　添加音乐

图 5-198　裁剪音乐

图 5-199　设置淡化选项

（9）点击"√"图标，应用音频淡化设置。点击视频轨道左侧的"设置封面"文字，进入封面设置界面，滑动选择短视频某一帧画面作为封面图片，如图 5-200 所示。点击界面右上角的"保存"按钮，完成封面的设置。

（10）完成短视频效果的制作，点击界面右上角的"导出"按钮，显示导出视频界面，如图 5-201 所示。视频导出完成后可以选择是否将所制作的短视频同步到"抖音"和"西瓜"短视频平台，如图 5-202 所示。

图 5-200　选择封面帧画面

图 5-201　导出视频

图 5-202　分享到短视频平台

（11）完成该短视频标题特效的制作，点击预览区域的"播放"图标，可以看到短视频效果，如图 5-203 所示。

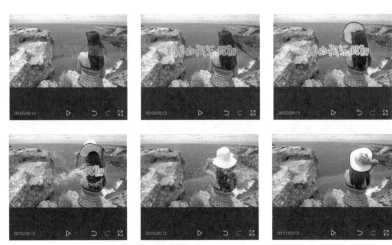

图 5-203　预览视频效果

5.5.2　实战——制作动感卡点视频

卡点视频在短视频平台中非常流行，在"剪映"App 中可以对音乐进行自动踩点或手动踩点，极大地方便了踩点视频的制作，并且"剪映"App 中还内置了丰富的动画效果，将卡点视频与动画效果相结合，能够使短视频表现出强烈的动感。

实战　制作动感卡点视频

源文件：源文件\第 6 章\动感卡点视频 .mp4　　视频：视频\第 6 章\6-5-2.mp4

（1）打开"剪映"App，点击"开始创作"图标，在选择素材界面中选择多个需要添加的视频片段素材，如图 5-204 所示。点击"添加"按钮，将所选择的多个视频片段素材添加到时间轴中，如图 5-205 所示。点击底部工具栏中的"音频"图标，显示"音频"的二级工具栏，如图 5-206 所示。

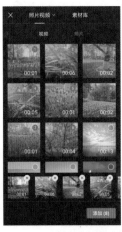

图 5-204　选择多个视频素材

图 5-205　添加到时间轴

图 5-206　"音频"二级工具栏

　小贴士：　制作卡点视频时可以同时选择多个素材，但所选择的多个素材最好是同一种类型的素材，例如都是视频素材或者都是图片素材，尽量不要掺杂使用。

（2）点击"音频"二级工具栏中的"音乐"图标，显示音乐库界面，如图 5-207 所示。点击相应的音乐分类名称，显示该分类音乐列表，选择合适的音乐，如图 5-208 所示。点击"使用"按钮，将所选择的音乐添加到时间轴中，如图 5-209 所示。

图 5-207　添加音乐界面

图 5-208　选择合适的音乐

图 5-209　添加音乐到时间轴

小贴士：　　　"剪映"App 支持使用自带音乐库中的音乐，也可以使用外部音乐，但是只有音乐库中的音乐才可以使用自动踩点功能，所以这里建议大家使用音乐库的音乐。

制作卡点视频时，不一定非要选择"卡点"分类中的音乐，其他分类中也有很多适合踩点的音乐，建议新手选择鼓点明显、节奏缓慢的音乐。

（3）点击选择音频轨道，再点击底部工具栏中的"踩点"图标，如图 5-210 所示。在弹出的选项中开启"自动踩点"功能，点击"踩节拍Ⅰ"，对音频进行自动踩点，如图 5-211 所示。点击"√"图标，完成音乐的自动踩点。

（4）将时间轴中每段素材的起始和结尾位置对齐踩点。选择视频轨道中的第 1 段素材，拖动其白色边框的右侧进行裁剪，使其右侧与第 1 个踩点相对齐，如图 5-212 所示。

图 5-210　点击"踩点"图标

图 5-211　对音乐进行自动踩点

图 5-212　调整视频素材时长

（5）选择第2段素材，点击底部工具栏中的"变速"图标，再点击"常规变速"图标，如图5-213所示。在弹出的选项中调整其速度为2倍速，如图5-214所示。点击"√"图标，完成变速设置。选择第2段素材，拖动其白色边框的右侧进行裁剪，使其右侧与第2个踩点相对应，如图5-215所示。

图 5-213　点击"常规变速"　　图 5-214　设置变速选项　　图 5-215　调整视频素材时长

（6）选择第3段素材，拖动其白色边框的右侧进行裁剪，使其右侧与第3个踩点相对齐，如图5-216所示。

（7）选择第4段视频，点击底部工具栏中的"变速"图标，再点击"常规变速"图标，在弹出的选项中调整其速度为2倍速，如图5-217所示。点击"√"图标，完成变速设置。选择第4段素材，拖动其白色边框的右侧进行裁剪，使其右侧与第4个踩点相对齐，如图5-218所示。

图 5-216　调整视频素材时长　　图 5-217　设置变速选项　　图 5-218　调整视频素材时长

（8）选择第6段视频，点击底部工具栏中的"变速"图标，再点击"常规变速"图标，在弹出的选项中调整其速度为1.8倍速，如图5-219所示。点击"√"图标，完成变速设置。选择第6段素材，拖动其白色边框的右侧进行裁剪，使其右侧与踩点相对齐，如图5-220所示。

（9）选择第8段素材，拖动其白色边框的右侧进行裁剪，使其右侧与踩点相对齐，并将片尾删除，如图 5-221 所示。

图 5-219　设置变速选项　　图 5-220　调整视频素材时长　　图 5-221　调整视频素材时长

（10）在时间轴区域滑动，将时间指示器移至视频结束位置，选择音频轨道，点击底部工具栏中的"分割"图标，如图 5-222 所示。对音乐进行分割操作，选择分割后不需要的音乐，点击底部工具栏中的"删除"图标，如图 5-223 所示。将不需要的音乐删除，如图 5-224 所示。

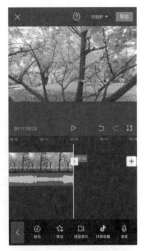

图 5-222　点击"分割"图标　　图 5-223　点击"删除"图标　　图 5-224　删除不需要的音频

（11）选择音频轨道，点击底部工具栏中的"淡化"图标，在弹出的选项中设置"淡出时长"为 2 秒钟，如图 5-225 所示。点击"√"图标，完成音频淡化设置。

　　小贴士：　此处对音乐进行了分割和删除操作，为了避免音乐戛然而止，所以为音乐添加了"淡化"功能，使音乐在结尾部分能够达到淡出效果。

（12）选择第1段视频，点击底部工具栏中的"动画"图标，显示"动画"二级工具图标，如图5-226所示。点击"组合动画"图标，显示预览的多种组合动画，点击"抖入放大"选项，如图5-227所示。点击"√"图标，完成组合动画设置。

图5-225 设置"淡化"选项　　　图5-226 显示"动画"工具　　　图5-227 应用"抖入放大"效果

小贴士：　在为视频片段应用动画效果时，入场动画和出场动画只能选择添加一种，如果既想要添加入场动画又想要添加出场动画，则可以选择添加"组合动画"。例如这里选择的是"抖入放大"组合动画，表现使用一种抖动的方式入场，使用放大的方式出场。

（13）使用相同的方法，为其他视频片段分别应用相应的组合动画效果，如图5-228所示。点击界面右上角的"导出"按钮，显示导出视频界面，如图5-229所示。视频导出完成后可以选择是否将所制作的短视频同步到"抖音"和"西瓜"短视频平台，如图5-230所示。

图5-228 为其他素材应用动画　　　图5-229 导出视频　　　图5-230 分享到短视频平台

（14）完成该动感卡点视频效果的制作，点击预览区域的"播放"图标，可以看到所制作的短视频效果，如图5-231所示。

图 5-231　预览短视频效果

5.5.3　实战——制作黑屏展开短视频片头

本案例制作一个具有电影感的黑屏展开短视频片头效果，在该短视频的制作过程中，我们将通过使用"剪映"App 中的画中画与混合模式功能，为短视频制作一个具有震撼力的镂空文字开场。

实战　制作黑屏展开短视频片头

源文件：源文件 \ 第 6 章 \ 黑屏展开短视频片头 .mp4　　视频：视频 \ 第 6 章 \6-5-3.mp4

（1）打开"剪映"App，点击"开始创作"图标，如图 5-232 所示。进入选择素材界面，切换到"素材库"选项卡中，点击下载"黑白场"选项中的"黑幕"素材，选择该素材，如图 5-233 所示。点击界面右下角的"添加"按钮，将所选择的"黑幕"素材添加到时间轴中，如图 5-234 所示。

图 5-232　点击"开始创作"图标

图 5-233　选择"黑幕"素材

图 5-234　添加到时间轴

（2）点击界面底部的"文字"图标，显示"文字"二级工具栏，点击"新建文本"图标，输入短视频的标题文字，如图 5-235 所示。在界面下方为所输入的文字选择一种合适的字体，并且在预览区域中将标题文字适当放大,如图 5-236 所示。点击"√"图标,完成文字的输入和设置,自动在时间轴中添加文字轨道,如图 5-237 所示。

图 5-235　输入标题文字　　图 5-236　设置字体并将文字放大　图 5-237　自动添加文字轨道

　　(3)点击选择视频轨道中默认的"片尾"素材,点击界面底部工具栏中的"删除"图标,如图 5-238 所示,将其删除。

　　(4)点击界面右上角的"导出"按钮,将刚制作的短视频的标题导出为一个视频文件,显示导出完成界面,如图 5-239 所示。点击"完成"按钮,完成视频的导出操作,返回"剪映"App 的"剪辑"界面中,在"剪辑草稿"中可以看到刚导出的文字标题视频,如图 5-240 所示。

图 5-238　删除片尾素材　　图 5-239　完成视频导出界面　图 5-240　得到文字标题视频素材

　　(5)在"剪映"App 的"剪辑"界面中点击"开始创作"图标,进入选择素材界面,选择需要的视频素材,如图 5-241 所示。点击界面右下角的"添加"按钮,将所选择的视频素材添加到时间轴中,如图 5-242 所示。

　　(6)点击界面底部工具栏中的"画中画"图标,显示二级工具栏,点击"新增画中画"图标,在选择素材界面中选择制作好的标题文字素材,点击"添加"按钮,如图 5-243 所示。切换到视频剪辑界面，将所选择的标题文字素材添加到主轨道的下方，如图 5-244 所示。

图 5-241 选择素材

图 5-242 添加到时间轴

图 5-243 选择素材

（7）在预览区域中通过两指分开操作，将文字素材放大至与视频素材相同，如图 5-245 所示。点击选择时间轴中的标题文字素材，点击界面底部工具栏中的"混合模式"图标，在所显示的混合模式选项中点击选择"正片叠底"模式，在预览区域中可以看到该模式的效果，如图 5-246所示。点击"√"图标，应用混合模式设置。

（8）根据需要，可以在预览区域中将标题文字素材进行适当放大，如图 5-247 所示。

（9）点击底部工具栏中的"蒙版"图标，在界面底部显示"蒙版"选项，点击选择"线性"蒙版选项，如图 5-248 所示。

（10）在预览区域中通过两指旋转操作，可以调整线性蒙版的角度，如图 5-249 所示。点击界面右下角的"√"图标，确认蒙版的添加。选择时间轴中的标题文字素材，点击界面底部工具栏中的"复制"图标，对该标题文字素材进行复制，如图 5-250 所示。

图 5-244 添加画中画

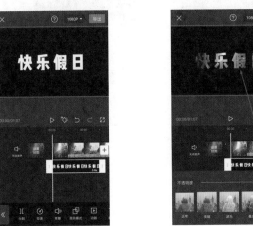
图 5-245 调整文字大小

图 5-246 应用"正片叠底"模式

图 5-247 放大标题文字

图 5-248　应用线性蒙版　　图 5-249　调整蒙版角度　　图 5-250　复制文字素材

（11）在时间轴区域中将复制得到的文字素材拖动至原文字素材的下方，并将两层的文字素材对齐，如图 5-251 所示。点击选择下方轨道中的文字素材，点击界面底部工具栏中的"蒙版"图标，在预览区域中通过两指旋转操作，调整该文字素材的线性蒙版的角度，从而表现出完整的镂空文字，如图 5-252 所示。

（12）完成蒙版的调整。点击选择上方轨道中的文字素材，点击界面底部工具栏中的"动画"图标，在二级工具栏中点击"出场动画"图标，如图 5-253 所示。

图 5-251　素材叠放对齐　　图 5-252　调整蒙版角度　图 5-253　点击"出场动画"图标

（13）在界面底部显示"出场动画"选项，点击选择"向左滑动"选项，如图 5-254 所示，点击"√"图标，应用该出场动画效果。

（14）点击选择下方轨道中的文字素材，点击界面底部工具栏中的"动画"图标，在二级工具栏中点击"出场动画"图标，点击选择"向右滑动"选项，如图 5-255 所示，点击"√"图标，应用该出场动画效果。取消时间轴中素材的选择，点击界面底部工具栏中的"返回"图标，返回主时间轴编辑状态，如图 5-256 所示。

（15）点击视频轨道左侧的"关闭原声"图标，关闭视频轨道中素材的原声，如图 5-257 所示。点击底部工具栏中的"音频"图标，显示"音频"的二级工具栏，再点击"音乐"图标，显示添加音乐界面，如图 5-258 所示。点击相应的音乐分类名称，显示该分类音乐列表，选择合适的音乐，如图 5-259 所示。

图 5-254　应用"向左滑动"动画

图 5-255　应用"向右滑动"动画

图 5-256　返回主时间轴

图 5-257　关闭素材原声

图 5-258　"添加音乐"界面

图 5-259　点击试听音乐

（16）点击"使用"按钮，将所选择的音乐添加到时间轴中，如图 5-260 所示。选择音频轨道中的音乐素材，拖动其右侧，调整音乐的时长与视频轨道中素材的时长相同，如图 5-261 所示。点击底部工具栏中的"淡化"图标，设置"淡出时长"为 3 秒钟，如图 5-262 所示。

图 5-260　添加音乐

图 5-261　调整音乐时长

图 5-262　设置"淡出时长"选项

（17）点击界面右上角的"导出"按钮，显示导出视频界面，如图 5-263 所示。视频导出完成后可以选择是否将所制作的短视频同步到"抖音"和"西瓜"短视频平台，如图 5-264 所示。

图 5-263　导出视频

图 5-264　分享到短视频平台

（18）完成该黑屏展开短视频片头效果的制作，点击预览区域的"播放"图标，可以看到所制作的短视频效果，如图 5-265 所示。

图 5-265　预览黑屏展开短视频片头效果

5.6　使用其他 App 制作短视频

除了"剪映"之外，移动端还有许多短视频剪辑制作的 App，这些短视频剪辑 App 的使用方法与"剪映"相类似，但又各有其特点。

5.6.1　认识 VUE Vlog

VUE Vlog 是国内领先的视频拍摄和编辑工具以及原创的 Vlog 短视频平台。VUE Vlog 提供海量的音乐、贴纸、边框、字体、滤镜、转场等样式和素材，让你不费吹灰之力，就能制作出精美的短视频。

打开手机中安装的 VUE Vlog，进入 VUE Vlog 的首页界面中，在该界面中同时包含"关注""推荐"和"学院" 3 个选项卡，默认显示"推荐"选项卡，在该选项卡中显示最新推荐的 Vlog 短视频，并且会自动播放，如图 5-266 所示。

点击"关注"按钮，切换到"关注"选项卡，在该选项卡中显示的是你关注的用户发布的短视频，如图 5-267 所示。

点击"学院"按钮，切换到"学院"选项卡，在该选项卡中显示的是 VUE Vlog 官方推出的有关 VUE Vlog 的使用教程以及短视频剪辑和特效制作的相关教程视频，方便用户学习，如图 5-268 所示。

图 5-266　"推荐"选项卡

图 5-267　"关注"选项卡

图 5-268　"学院"选项卡

Vloggers：点击界面底部标签栏中 Vloggers 图标，切换到 Vloggers 界面，显示入驻 VUE Vlog 平台的短视频创作者列表，如图 5-269 所示。点击某个短视频创作者的图片，可以在弹出的浮动界面中显示该创作者的相关短视频作品，如图 5-270 所示。点击某个短视频缩览图，即可切换到该短视频的播放界面中，自动播放该短视频作品，如图 5-271 所示。

图 5-269　Vloggers 界面

图 5-270　显示相关短视频作品

图 5-271　观看短视频作品

小贴士： 在 Vloggers 界面中向用户推荐的是在旅拍、美食、户外等不同领域中的短视频创作达人，用户可以根据自己的喜好观看相关创作者的短视频作品，或者关注相应的短视频创作者。通过观看这些短视频达人所创作的短视频作品，可以学习他们的拍摄和镜头运用手法。

频道：点击界面底部标签栏中"频道"图标，切换到"频道"界面，在该界面中显示针对不同类型短视频所创建的频道列表，如图 5-272 所示。点击界面上方标题栏中的"专题"按钮，可以在界面中显示活动专题列表，如图 5-273 所示。

在频道列表中点击自己感兴趣的频道名称，可以进入该频道界面，显示该频道中的短视频列表，并自动播放当前界面中的短视频，如图 5-274 所示。如果用户对该频道感兴趣，可以点击"加入"按钮，即可加入该频道。

我的：点击界面底部标签栏中"我的"图标，切换到"我的"界面，在该界面中显示用户的相关个人信息以及所关注的用户、频道等相关内容，如图 5-275 所示。

图 5-272 频道列表

图 5-273 专题列表

图 5-274 进入某频道界面

图 5-275 "我的"界面

5.6.2 VUE Vlog 的基本操作

点击 VUE Vlog App 的底部标签栏中的"制作视频"图标，即可进入 VUE Vlog 的视频剪辑与制作界面，如图 5-276 所示。该界面也是 VUE Vlog 的核心功能界面，短视频的拍摄、剪辑、制作都是在该界面中完成的。

在"最新 PRO 素材"部分为显示了最新的 PRO 会员素材，点击素材缩览图，可以查看该 PRO 素材的效果，如图 5-277 所示。不过，PRO 素材需要加入会员才能够获取并使用。

点击界面右上角的"购物车"图标，显示"补给站"界面。在该界面中显示了最新开发的用于短视频制作的相关素材，包括"字体""滤镜""贴纸""音乐"和"水印"5 种类型的素材，如图 5-278 所示。

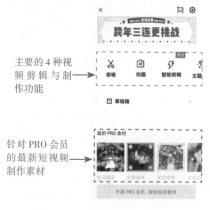

主要的 4 种视频剪辑与制作功能

针对 PRO 会员的最新短视频制作素材

图 5-276　视频剪辑与制作界面

图 5-277　查看 PRO 素材效果

图 5-278　"补给站"界面

在"补给站"界面中点击某一种素材缩览图，即可进入该素材的预览界面，自动播放该素材的效果，如图 5-279 所示。点击"免费"按钮，即可免费获取当前所预览的素材，这样在自己制作短视频的过程中就可以使用该素材。点击"赞赏"按钮，可以在弹出的窗口中选择打赏的金额进行打赏。

图 5-279　预览短视频素材效果

1. 剪辑

在视频剪辑与制作界面中点击"剪辑"选项，显示导入素材界面，选择手机中已经拍摄好的视频素材，如图 5-280 所示。点击界面底部的"导入"按钮，即可将所选择的视频素材导入到视频编辑界面中，如图 5-281 所示。

在视频编辑界面中，通过界面底部的工具栏，可以切换到不同内容的编辑状态中，其操作方法与"剪映"App 中短视频编辑的操作方法类似，这里不再赘述。

2. 拍摄

在视频剪辑与制作界面中点击"拍摄"选项，如图 5-282 所示。进入短视频拍摄界面，如图 5-283 所示。在该界面中可以进行短视频素材的拍摄，拍摄完成后可以进入到视频编辑界面中，对所拍摄的视频素材进行编辑和处理。

3. 智能剪辑

在视频剪辑与制作界面中点击"智能剪辑"选项，如图5-284所示。显示导入素材界面，选择手机中已经拍摄好的视频或图像素材，这里最少选择3个素材，如图5-285所示。

点击界面底部的"导入"按钮，进入模板和音乐选择界面，点击选择相应的模板，点击音乐名称左右的箭头图标，可以切换背景音乐，如图5-286所示。

点击界面右上角的"文字和排序"按钮，在弹出的界面中可以为每个素材设置标题文字并且可以调整素材的先后顺序，如图5-287所示。点击界面底部的"下一步"按钮，进入视频编辑界面，在该界面中可以分别对每个素材，以及素材与素材之间的转场等进行编辑设置，如图5-288所示。

图 5-280　选择素材

图 5-281　进入编辑界面

图 5-282　"拍摄"选项

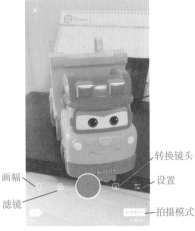

图 5-283　拍摄界面

图 5-284　点击"智能剪辑"选项

图 5-285　选择需要导入的多个素材

图 5-286　选择模板和音乐

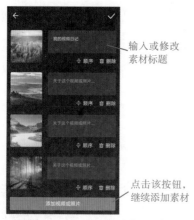
图 5-287　调整素材顺序并设置标题

图 5-288　进入视频编辑界面

4. 主题模板

在视频剪辑与制作界面中点击"主题模板"选项，如图 5-289 所示。切换到"主题模板"界面中，显示内置的主题模板选项，如图 5-290 所示。点击选择一种主题模板，显示该主题模板的预览效果，如图 5-291 所示。

图 5-289　点击"主题模板"选项

图 5-290　"主题模板"界面

图 5-291　显示主题模板预览

点击"创建新游记"按钮，根据所选择的模板的相关提示，输入文字，选择相应的图片或视频素材，添加相关的片头和片尾信息，程序根据模板自动对素材进行处理生成相应的短视频，并进入视频编辑界面中，可以继续对短视频进行编辑。

小贴士：　通过使用 VUE Vlog 的"智能剪辑"功能，可以快速地制作出卡点音乐短视频；使用 VUE Vlog 中的"主题模板"功能，则能够快速地创建出目前比较流行的主题短视频。这两个功能对于初学者来说，通过简单的操作即可快速地创建出精美的短视频，非常实用。

5.6.3　实战——使用 VUE Vlog 进行短视频剪辑

VUE Vlog 在短视频的编辑和处理方面的功能非常强大，能够帮助用户制作出许多精美的短视频作品。本节将通过一个案例，讲解如何在 VUE Vlog 中进行短视频的剪辑处理，并最终发布短视频作品。

实战 使用VUE Vlog进行短视频剪辑

源文件：源文件\第 6 章\使用 VUE Vlog 进行短视频剪辑 .mp4　视频：视频\第 6 章\6-6-3.mp4

（1）打开手机中安装的 VUE Vlog，点击界面底部中间的"制作视频"图标，如图 5-292 所示。进入制作视频界面，在该界面中为用户提供了 4 种制作视频的方式，包括"剪辑""拍摄""智能剪辑"和"主题模板"，如图 5-293 所示。点击"剪辑"选项，显示导入素材界面，选择手机中两段拍摄好的视频，如图 5-294 所示。

图 5-292　打开 VUE Vlog　　　　图 5-293　点击"剪辑"选项　　　　图 5-294　选择需要导入的素材

（2）点击界面底部的"导入"按钮，进入视频编辑界面，点击选择第 2 段视频素材，点击下方的"截取"图标，如图 5-295 所示。进入视频截取界面，如图 5-296 所示。通过拖动时间轴两侧的黄色控制柄来调整需要截取的视频时间，如图 5-297 所示。点击界面右上角的"√"图标，完成视频素材的截取，返回到视频编辑界面中。

图 5-295　点击"截取"图标　　　　图 5-296　视频截取界面　　　　图 5-297　截取需要的视频片段

小贴士：　如果添加的多段视频素材都需要进行截取处理，则可以直接在视频截取界面中点击右下角的"下一段"文字，继续对下一段视频素材进行截取处理，而不需要返回到视频编辑界面中重新操作，非常方便。

（3）点击两段视频素材中间的"+"图标，如图 5-298 所示。在界面底部显示相应的选项，如图 5-299 所示。点击"转场效果"选项，在界面底部显示内置的转场效果，点击应用"叠黑"转场效果，如图 5-300 所示。

图 5-298　点击"加号"图标

图 5-299　显示相应的选项

图 5-300　应用"叠黑"转场效果

（4）点击所应用转场效果上的"编辑"按钮，可以设置所应用转场效果的时长，这里选择"慢"选项，如图 5-301 所示。完成转场效果的添加，返回到视频编辑界面，使用相同的方法，在第 2 段素材结束添加"叠黑"转场效果，如图 5-302 所示。选择任意一段视频素材，点击"滤镜"选项，进入滤镜设置界面，如图 5-303 所示。

图 5-301　设置转场时长

图 5-302　添加转场效果

图 5-303　滤镜设置界面

（5）点击相应的滤镜名称，即可在预览区域中看到应用滤镜的效果，选择合适的滤镜，点击界面右下角的"应用到全部分段"按钮，如图 5-304 所示，将所选择的滤镜应用到所有素材片段中。

（6）返回视频编辑界面中，点击界面底部工具栏中的"音乐"图标，在视频剪辑下方显示两个选项，可能分别添加音乐和录音，如图 5-305 所示。点击"点击添加音乐"按钮，切换到"添加音乐"界面，在 VUE Vlog 中内置了大量不同类型的音乐供用户选择，如图 5-306 所示。

图 5-304　应用滤镜效果

图 5-305　显示音乐选项

图 5-306　"添加音乐"界面

（7）点击相应的音乐分类，可以进入该分类的音乐列表，如图 5-307 所示。点击音乐名称可以试听音乐，选择合适的音乐，点击该音乐右侧的"使用"按钮，如图 5-308 所示。返回到视频编辑界面中，可以将所选择的音乐加入到音乐轨道中，如图 5-309 所示。

图 5-307　音乐分类列表

图 5-308　选择合适的音乐

图 5-309　将音乐添加到音乐轨中

（8）选择音乐轨道中的音乐，点击界面底部的"编辑"图标，可以调整需要选择的音乐范围以及开启音乐的淡入与淡出效果，如图 5-310 所示。完成音乐的编辑，点击"返回"按钮，返回视频编辑界面，点击界面右下角的"完成"图标，如图 5-311 所示，退出音乐编辑。

（9）点击界面底部工具栏中的"边框"图标，在界面底部显示 VUE Vlog 中内置的多种边框效果，点击选择合适的边框，如图 5-312 所示。

（10）完成视频的编辑处理，点击界面右上角的"下一步"按钮，切换到视频发布界面，填充视频标题和描述信息，如图 5-313 所示，点击"保存并发布"按钮，即可开始渲染并输出视频，显示输出进度，如图 5-314 所示。渲染输出完成后显示发布成功提示，还可以将短视频分享到主流的社交媒体平台中，如图 5-315 所示。

图 5-310　对音频进行编辑

图 5-311　点击"完成"图标

图 5-312　选择合适的边框

图 5-313　"视频发布"界面

图 5-314　渲染输出进度

图 5-315　发布成功提示

（11）播放所发布的短视频，可以看到短视频的效果，如图 5-316 所示。

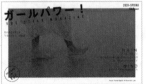
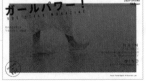

图 5-316　观看短视频效果

5.6.4 认识"快影"App

"快影"App 是"快手"短视频平台旗下的一款简单易用的短视频拍摄、剪辑和制作软件，其强大的视频剪辑功能，丰富的音乐库、模板库等，让用户在手机上能够轻松完成视频编辑和视频创意，制作出令人惊艳的短视频。

在手机中安装"快影"App，打开"快影"App，默认显示"模板"界面，在该界面中提供了多种不同类型的模板，如图 5-317 所示。点击某个模板，进入该模板详情界面，自动播放短视频模板的效果，如图 5-318 所示。如果点击界面底部的"立即使用"按钮，则可以快速创建与该模板同款的短视频。

输入关键字，直接搜索相关的模板或教程

用户头像
收藏
分享
模板相关信息，包括时长，使用了几段素材等

图 5-317 "模板"界面　　　　　　图 5-318 预览模板效果

创作：点击底部标签栏中的"创作"图标，进入"创作"界面，在该界面中用户可以拍摄或剪辑制作短视频，如图 5-319 所示。

上热门：点击底部标签栏中的"上热门"图标，进入"上热门"界面，在该界面中为用户提供了全面的使用"快影"App 剪辑制作短视频的相关教程，如图 5-320 所示。有官方教程，也有其他用户自制的教程，对于学习如何使用"快影"App 剪辑制作短视频有很大的帮助。

我的：点击底部标签栏中的"我的"图标，进入"我的"界面，显示用户个人信息，以及所收藏的模板和教程，如图 5-321 所示，便于用户快速访问相关内容。

使用"快影"编辑制作的短视频显示在这里

图 5-319 "创作"界面　　　图 5-320 "上热门"界面　　图 5-321 "我的"界面

5.6.5　"快影"App 的基本操作

使用"快影"App 进行短视频的编辑制作，其核心功能都位于"创作"界面中，在该界面中提供了两个核心功能按钮，分别是"剪辑"和"拍摄"。

1. 剪辑

在"快影"App 的"创作"界面中点击"剪辑"按钮，在显示的界面中可以选择手机中需要导入的视频或图片，如图 5-322 所示。点击界面顶部的"素材库"文字，可以切换到"素材库"选项卡中，在该选项卡中为用户提供了许多"快影"官方的素材，用户可以选择下载使用，如图 5-323 所示。

选择"视频"选项，在界面中只显示手机相册中的视频素材

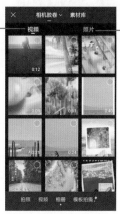

选择"照片"选项，在界面中只显示手机相册中的照片素材

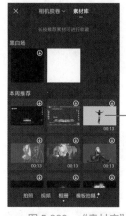

点击缩览图，即可下载所需要的素材

图 5-322　"相机胶卷"选项卡　　　　图 5-323　"素材库"选项卡

切换到"相机胶卷"选项卡中，选择需要导入的视频或图片素材，如图 5-324 所示。点击"完成"按钮，即可进入视频编辑界面，如图 5-325 所示。

可以同时选择多个需要编辑的素材

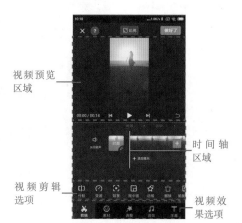

视频预览区域

时间轴区域

视频剪辑选项

视频效果选项

图 5-324　选择需要编辑的素材　　　　图 5-325　视频编辑界面

视频编辑界面中素材的编辑操作方法以及各种效果的添加方法与之前介绍的"剪映"App 的操作方法基本相同，这里不再赘述，读者可以自己动手尝试。

2. 拍摄

在"快影"App 的"创作"界面中点击"拍摄"按钮，进入视频拍摄界面，如图 5-326 所示。点击界面底部的"拍照"文字，可以切换到拍照模式，在该模式中可以拍摄照片，如图 5-327 所示。

画幅　灯光　切换镜头

退出

选择音乐

点击该图
标，开始
视频拍摄

图 5-326　视频拍摄界面

点击该图标，
拍摄照片

图 5-327　拍照模式

　　点击界面底部的"相册"文字，切换到相册素材选择界面，可以选择手机相册中的视频或图片素材，如图 5-328 所示，与在"创作"界面中点击"剪辑"按钮跳转到的界面相同。

　　点击界面底部的"模板拍摄"文字，可以切换到模板拍摄模式，可以将自拍嵌入到模板中，如图 5-329 所示。点击"选择模板"图标，在界面底部显示内置的众多模板，用户可以选择自己喜欢的模板进行拍摄，如图 5-330 所示。

选择视频
拍摄速度

图 5-328　相册素材选择界面　　　　图 5-329　模板拍摄模式　　　　图 5-330　显示内置的模板

5.6.6　实战——使用"快影"模板快速制作短视频

　　"快影"与"剪映"非常相似，都是功能全面的短视频剪辑制作 App，在"快影"App 中内置了丰富的模板，通过模板能够快速地制作出当下流行的炫酷短视频作品。本节将通过一个案例讲解如何使用"快影"中的模板快速制作短视频。

实战　使用"快影"模板快速制作短视频

　　源文件：源文件 \ 第 6 章 \ 使用"快影"模板快速制作短视频 .mp4　　视频：视频 \ 第 6 章 \6-6-6.mp4

　　（1）打开手机中安装的"快影"App，默认显示"模板"界面，在该界面中为用户提供了多种不同类型的模板，如图 5-331 所示。在界面顶部左右滑动选择相应的模板分类，上下滑动界面，可以浏览该分类中的短视频模板，如图 5-332 所示。

图 5-331　模板界面　　　　　　　　　　　　　　　　图 5-332　浏览模板

　　（2）点击选择需要使用的模板，即可进入模板详情界面，自动播放模板视频效果，如图 5-333 所示。点击界面底部的"立即使用"按钮，切换到素材选择界面中，在界面底部会提示用户该模板需要几段素材，每段素材的持续时间是多长，如图 5-334 所示。

图 5-333　预览模板的效果　　　　　　　　　　　　　图 5-334　选择素材界面

　　🖊 小贴士：　　在模板详情界面中观看模板效果时，可以通过上下滑动操作来切换所观看的模板，从而找到自己喜欢的短视频模板。

　　（3）在选择素材界面中依次点击选择所需要的素材，如图 5-335 所示。点击"选好了"按钮，自动替换模板中相应的素材，切换到短视频预览效果，如图 5-336 所示。在界面底部点击选择相应的素材，点击"点击编辑"选项，即可进入该素材的编辑状态，如图 5-337 所示。

　　（4）可以调整素材的大小或显示区域，也可以替换素材，如图 5-338 所示。单击"确定"按钮，完成素材的编辑，返回短视频预览界面。点击"编辑文字"按钮，可以切换到编辑文字界面，拖动文本框可以调整文本框的位置，点击文本框，可以对文字内容进行修改，如图 5-339 所示。

　　（5）在预览界面中点击"水印"文字，可以在界面底部弹出的窗口中显示内置的水印效果供用户选择，如图 5-340 所示。

图 5-335　依次选择相应的素材

图 5-336　短视频预览界面

图 5-337　素材编辑界面

图 5-338　编辑素材

图 5-339　编辑文字界面

图 5-340　选择水印样式

（6）完成短视频的编辑处理后，点击预览界面右上角的"做好了"按钮，在界面底部弹出导出设置选项，如图 5-341 所示。点击"无水印导出并分享"选项，即可开始渲染并导出视频，显示导出进度，如图 5-342 所示。渲染输出完成后显示导出完成界面，可以直接将短视频分享到主流的社交媒体平台中，如图 5-343 所示。

图 5-341　显示导出选项

图 5-342　显示导出进度

图 5-343　导出完成界面

（7）在手机中找到刚输入的短视频，播放该短视频，可以看到短视频的效果，如图 5-344 所示。

图 5-344　观看短视频效果

5.7　本章小结

　　本章向读者介绍了几款移动端短视频剪辑制作的 App，每款 App 都有其特点，每款 App 的操作方法都比较相似。除了本章所介绍的几款短视频剪辑制作 App 外，还有其他的短视频制作 App，感兴趣的读者可以安装尝试，以充分掌握短视频剪辑制作的方法和技巧。

第6章 PC端剪辑软件应用

除了可以使用移动端的视频剪辑 App 进行短视频的后期剪辑制作外，PC 端也有许多优秀的影视后期剪辑制作软件，同样可以对短视频进行剪辑制作。本章将介绍两个非常优秀的 PC 端视频后期剪辑制作软件的使用方法，分别是 Adobe 公司的 Premiere 和苹果公司的 Final Cut Pro，这两款软件目前广泛应用于短视频编辑、电视节目制作和影视后期处理等方面。

6.1 PC 端短视频剪辑软件应用：Premiere

Premiere 是 Adobe 公司推出的一款基于 PC 平台的视频后期编辑处理软件，广泛应用于短视频编辑、电视节目制作和影视后期处理等方面。使用 Premiere 软件可以精确控制视频作品的每个帧，视频画面编辑质量优良，具有良好的兼容性，是目前视频后期处理中使用广泛的软件之一。

6.1.1 认识 Premiere

完成 Adobe Premiere Pro CC 软件的安装，双击启动图标，即可启动 Adobe Premiere Pro，启动界面如图 6-1 所示。完成 Adobe Premiere Pro 的启动之后，在界面中显示"开始"窗口，在该窗口中为用户提供了项目的基本操作按钮，如图 6-2 所示，包括"新建项目""打开项目"等，单击相应的按钮，可以快速进行相应的项目操作。

图 6-1 启动界面

图 6-2 "开始"窗口

Premiere 采用了面板式的操作环境，整个工作界面由多个活动面板组成，视频的后期编辑处理就是在各种面板中进行的。Premiere 的工作界面主要是由"项目"面板、"时间轴"面板、"监视器"窗口、工具面板以及菜单命令等组成，如图 6-3 所示。

图 6-3　Premiere 工作界面

6.1.2　掌握 Premiere 的基础操作

在使用 Premiere 进行视频剪辑处理之前，首先需要掌握 Premiere 软件的基本操作，以便更顺利地学习和使用该软件。

1. 创建项目文件和序列

项目是单独的 Premiere 文件，包含了序列以及组成序列的素材，如视频、图片、音频、字幕等。Premiere 的一个项目文件是由一个或多个序列组成的，最终输出的影片包含了项目中的序列。序列对项目极其重要，因此熟练掌握序列的操作至关重要。

执行"文件→新建→项目"命令，弹出"新建项目"对话框，如图 6-4 所示。在"名称"选项后的文本框中输入项目名称，单击"位置"选项后的"浏览"按钮，选择项目文件的保存位置，其他选项可以采用默认设置，如图 6-5 所示。

图 6-4　"新建项目"对话框

图 6-5　设置项目名称和保存位置

单击"确定"按钮，即可创建一个新的项目文件，在项目文件的保存位置可以看到自动创建的 Premiere 项目文件，如图 6-6 所示。

　　　小贴士： 打开项目文件可以执行"文件→打开"命令，或者执行"文件→打开最近使用的内容"命令，在"打开最近使用的内容"命令的二级菜单中，会显示用户最近一段时间编辑过的项目文件。

图 6-6　创建的项目文件

　　完成项目文件的创建之后，接下来需要在该项目文件中创建序列。执行"文件→新建→序列"命令，或者单击"项目"面板上的"新建项"图标 ，在弹出的菜单中选择"序列"命令，如图 6-7 所示。弹出"新建序列"对话框，如图 6-8 所示。

图 6-7　执行"序列"命令

图 6-8　"新建序列"对话框

　　在"新建序列"对话框中，默认显示的是"序列预设"选项卡，在该选项卡中罗列了诸多预设方案，单击选择某种方案后，在对话框右侧的列表框中可以查看相对应的方案描述及详细参数。由于我国采用的是 PAL 电视制式，因此在新建项目时，只能选择 DV-PAL 制式中的"标准 48kHz"模式。

　　选择"设置"选项卡，可以在预设方案的基础上，进一步修改相关设置和参数，如图 6-9 所示。单击"确定"按钮，完成"新建序列"对话框的设置，在"项目"面板中可以看到所创建的序列，如图 6-10 所示。

2. 导入素材

　　在 Premiere 中进行视频编辑处理时，首先需要将视频、图片、音频等素材导入到"项目"面板中，然后再进行编辑处理。

　　执行"文件→导入"命令，或者在"项目"面板的空白位置双击，弹出"导入"对话框，选择需要导入的素材文件，如图 6-11 所示。单击"打开"按钮，即可将所选择的素材文件导入到"项目"面板中。双击"项目"面板中的素材，可以在"源"监视器窗口中查看该素材的效果，如图 6-12 所示。

　　　小贴士： 在"导入"对话框中可以同时选中多个需要导入的素材，实现将选中的多个素材同时导入到"项目"面板中，也可以单击"导入"对话框中的"导入文件夹"按钮，实现整个文件夹素材的导入。

图 6-9　"设置"选项卡

图 6-10　"项目"面板

图 6-11　"导入"对话框

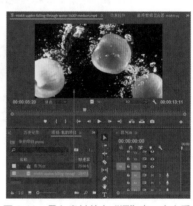

图 6-12　导入素材并在"源"窗口中查看

3. 保存与输出操作

执行"文件→保存"命令，或按快捷键 Ctrl+S，可以对项目文件进行覆盖保存。执行"文件→另存为"命令，弹出"保存项目"对话框，可以通过设置新的存储路径和项目文件名称进行保存。

完成项目文件的编辑处理之后，还需要将项目文件导出为视频，当然在 Premiere 中还可以将项目文件导出为其他文件形式。

执行"文件→导出→媒体"命令，弹出"导出设置"对话框，如图 6-13 所示。在该对话框的右侧可以设置导出媒体的格式、文件名称、输出位置、模式预设、效果、视频、音频、字幕、发布等信息。

设置完毕后，单击"导出"按钮，

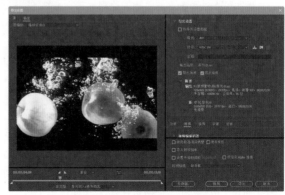

图 6-13　"导出设置"对话框

即可将制作好的项目文件导出为视频文件。

完成项目文件的编辑制作后，执行"文件→关闭项目"命令，可以关闭当前所制作的项目文件。

6.1.3 视频素材剪辑操作

Premiere 是一款非线性编辑软件，非线性编辑软件的主要功能就是对素材进行剪辑操作，通过各种剪辑技术对素材进行分割、拼接和重组，最终形成完整的作品。

1. 认识监视器

监视器窗口包括"源"监视器窗口和"节目"监视器窗口，这两个窗口是视频后期剪辑处理的主要"阵地"。为了提高工作效率，下面对这两个监视器窗口进行简单介绍。

双击"项目"面板中需要编辑的视频素材，可以在"源"监视器窗口中显示该素材，如图6-14所示。

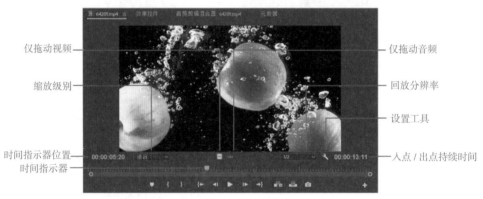

图 6-14   "源"监视器窗口

"源"监视器窗口底部的功能操作按钮从左至右依次是"添加标记" ♥ 、"标记入点" ┃ 、"标记出点" ┃ 、"转到入点" ┃← 、"后退一帧" ◀┃ 、"播放-停止切换" ▶ 、"前进一帧" ┃▶ 、"转到出点" ▶┃ 、"插入" ┗▫ 、"覆盖" ▫┛和"导出帧" ◉ 。

"节目"监视器窗口与"源"监视器窗口非常相似，如图6-15所示。序列上没有素材时，在"节目"监视器窗口中显示黑色。只有序列上放置了素材，在该窗口中才会显

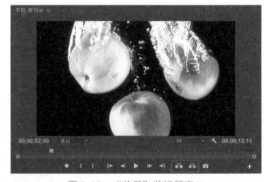

图 6-15   "节目"监视器窗口

示素材的内容，这个内容就是最终导出的节目内容。

"节目"监视器窗口底部的功能操作按钮与"源"监视器窗口基本相同，但有两个例外，它们就是"提升" ▫▪ 和"提取" ▫▫ 。

"节目"监视器窗口的"提升"是指在"节目"监视器窗口中选取的素材片段在"时间轴"面板中的轨道上被删除，原位置内容空缺，等待新内容的填充，如图6-16所示。

"节目"监视器窗口的"提取"是指在"节目"监视器窗口中选取的素材片段在"时间轴"面板中的轨道上被删除，后面的素材前移及时填补空缺，如图6-17所示。

图 6-16　单击"提升"按钮的效果

图 6-17　单击"提取"按钮的效果

　　"源"监视器窗口中的"插入"是指在"时间轴"面板中的当前时间位置之后插入选取的素材片段，当前时间位置之后的源素材自动向后移动，节目总时间变长。

　　"源"监视器窗口中的"覆盖"是指在"时间轴"面板中的当前时间位置使用选取的素材片段替换原有素材。如果选取的素材片段时长没有超过当前时间位置之后的原素材的时长，节目总时长不变；反之节目总时长为当前时长加上选取的素材片段时长。

　　通过以上对比可以了解到，"源"监视器窗口是对"项目"面板中的素材进行剪辑的，并将剪辑得到的素材插入到"时间轴"面板中；而"节目"监视器窗口是对"时间轴"面板中的素材直接进行剪辑的。"时间轴"面板中的内容通过"节目"监视器窗口显示出来，也是最终导出的视频内容。

　　2. 视频素材剪辑

　　单击"源"监视器窗口底部的"播放"按钮▶，可以观看视频素材。拖动时间指示器至 0 秒 0 帧的位置，单击"标记入点"按钮 ，如图 6-18 所示，即可完成素材入点的设置。拖动时间指示器至 04 秒 29 帧的位置，单击"标记出点"按钮 ，如图 6-19 所示，即可完成素材出点的设置。

图 6-18　设置视频素材入点位置

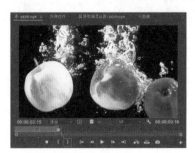
图 6-19　设置视频素材出点位置

　　🐾 小贴士：　　拖曳调整时间指示器时，不能调整得很精确，可以借助"前进一帧"按钮 ▶ 或"后退一帧"按钮 ◀ ，进行精确地调整。

　　单击"源"监视器窗口底部的"插入"按钮 ，即可将入点与出点之间的视频素材插入到"时间轴"面板中的 V1 轨道中，如图 6-20 所示。在"源"监视器窗口中拖动时间指示器至 6 秒 0 帧的位置，单击"标记入点"按钮 ，如图 6-21 所示。

图 6-20　插入截取的视频素材

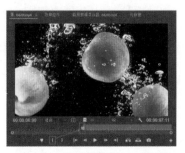
图 6-21　设置视频素材入点位置

拖动时间指示器至 13 秒 04 帧的位置，单击"标记出点"按钮 ，如图 6-22 所示，完成视频素材中需要部分的截取。在"时间轴"面板中确认时间指示器位于第 1 段视频素材结束位置，单击"源"监视器窗口底部的"插入"按钮，即可将入点与出点之间的视频素材插入到"时间轴"面板中的 V1 轨道中，如图 6-23 所示，完成第 2 段视频素材的插入。

图 6-22　设置视频素材出点位置　　　　图 6-23　插入截取的第 2 段视频素材

小贴士：　在"源"监视器窗口中设置素材的入点和出点，在"时间轴"面板中确定需要插入素材的位置，然后单击"源"监视器窗口中的"插入"按钮，将选取的素材插入到时间轴中，这种方法通常称为"三点编辑"。

3. 视频编辑工具

在"工具"面板中包含了多个可用于视频编辑操作的工具，介绍如下。

"选择工具"：使用该工具可以选择素材，将选择的素材拖曳至其他轨道等操作。

"向前选择轨道工具"：当"时间轴"面板中的某一条轨道中包含多个素材时，单击该按钮，可以选中当前所选择素材右侧的所有素材片段。

"向后选择轨道工具"：当"时间轴"面板中的某一条轨道中包含多个素材时，单击该按钮，可以选中当前所选择素材左侧的所有素材片段。

"波纹编辑工具"：使用该工具，将指针移至单个视频素材的开始或结束位置时，可以拖动调整选中的视频长度，前方或后方的素材片段在编辑后会自动吸附（注：修改的范围不能超出原视频的范围）。

"滚动编辑工具"：使用该工具，可以在不影响轨道总长度的情况下，调整其中某个视频的长度（缩短其中一个视频的长度，其他视频变长；拖长其中一个视频的长度，其他视频变短）。需要注意的是，使用该工具时，视频必须已经修改过长度，有足够剩余的时间来进行调整。

"比率拉伸工具"：使用该工具，可以将原有的视频素材拉长，视频播放就变成了慢动作。将视频长度变短，视频效果就类似于快进播放的效果。

"剃刀工具"：使用该工具，在素材上合适位置单击，可以在单击的位置分割素材。

"外滑工具"：对已经调整过长度的视频，在不改变视频长度的情况下，使用该工具在视频上进行拖动，可以变换视频区间。

"内滑工具"：使用该工具在视频素材上拖动，选中的视频长度不变，变换剩余的视频长度。

"钢笔工具"：使用该工具，可以在"节目"监视器窗口绘制出自由形状的图形，在该工具中还包含两个隐藏工具"矩形工具"和"椭圆工具"，分别用于绘制矩形和椭圆形。

"手形工具"：使用该工具，可以在"时间轴"面板和监视器窗口中进行拖曳预览。

"缩放工具"：使用该工具，在"时间轴"面板中单击可以放大时间轴，按住 Alt 键单击可以缩小时间轴。

"文字工具" **T**：使用该工具，在"节目"监视器窗口单击可以输入文字。在该工具中还包含"垂直文字工具"，可以输入竖排文字。

6.1.4　应用视频过渡效果

作为一款优秀的视频后期编辑软件，Premiere 内置了许多视频过渡效果供用户使用，熟练并恰当地运用这些效果，可以使视频素材之间的衔接转场更加自然流畅，并且能够增加视频的艺术性。

1. 添加视频过渡效果

对于视频的后期编辑处理来说，合理地为素材添加一些视频过渡效果，可以使两个或多个原本不相关联的素材在过渡时能够更加平滑、流畅，使视频画面更加生动和谐，也能够大大提高视频剪辑的效率。

为"时间轴"面板中两个相邻的素材添加视频过渡效果，可以在"效果"面板中展开"视频过渡"选项，如图 6-24 所示。在相应的过渡效果组中选择需要添加的视频过渡效果，按住鼠标左键并拖曳至"时间轴"面板中的两个目标素材之间即可，如图 6-25 所示。

图 6-24　"视频过渡"选项

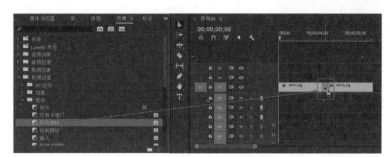

图 6-25　将需要应用的过渡效果拖动至素材之间

2. 编辑视频过渡效果

可以将视频过渡效果添加到两个素材之间的连接处之后，在"时间轴"面板中单击选择刚添加的视频过渡效果，如图 6-26 所示。即可在"视频控件"面板中对所选中的视频过渡效果进行参数设置，如图 6-27 所示。

图 6-26　单击选择视频过渡

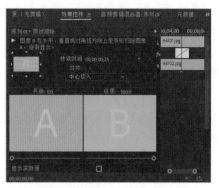

图 6-27　"效果控件"面板中的设置选项

持续时间：通过设置"持续时间"选项，来控制视频过渡效果的持续时间。数值越大，视频过渡持续时间越长，反之则持续时间越短。

过渡效果方向：不同的视频过渡效果具有不同的过渡方向设置，在"效果控件"面板中的效果方向示意图四周提供了多个三角形箭头，单击相应的三角形箭头，即可设置该视频过渡效果的方向。例如，单击"自东北向西南"三角形箭头，如图 6-28 所示，即可在"节目"监视器窗口中看到改变方向后的视频过渡效果，如图 6-29 所示。

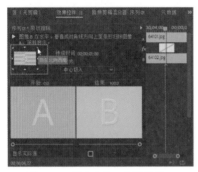

图 6-28　单击方向三角形箭头　　　　　　图 6-29　　"节目"监视器窗口效果

对齐：该选项用于控制视频过渡效果的切换对齐方式，包括"中心切入""起点切入""终点切入"和"自定义起点"4 种方式。设置"对齐"选项为"中心切入"，视频过渡效果位于两个素材的中心位置；设置"对齐"选项为"起点切入"，则视频过渡效果位于第 2 个素材的起始位置；设置"对齐"选项为"终点切入"，则视频过渡效果位于第 1 个素材的结束位置；自定义起点是指在时间轴中还可以通过单击并拖动调整所添加的视频过渡效果的位置，从而自定义视频过渡效果的起点位置。

开始：该选项用于设置视频过渡效果的开始位置，默认值为 0，表示过渡效果将从整个视频过渡过程的开始位置开始视频过渡。如果将"开始"选项设置为 20，则表示视频过渡效果以整个视频过渡效果的 20% 的位置开始过渡。

结束：该选项用于设置视频过渡效果的结束位置，默认值为 100，表示过渡效果将从整个视频过渡过程的结束位置结束视频过渡。如果将"结束"选项设置为 90，则表示视频过渡效果以整个视频过渡效果的 90% 的位置结束过渡。

显示实际源：选中"显示实际源"复选框，即可在视频过渡预览区域中显示素材的实际过渡效果。

🖌 小贴士：　有一些视频过渡效果，在过渡过程中可以设置边框的效果，在"效果控件"面板中提供了边框设置选项，如"边框宽度"和"边框颜色"等，用户可以根据需要进行设置。

6.1.5　应用视频效果

在使用 Premiere 编辑视频时，系统内置了许多视频效果，通过这些视频效果可以对原始素材进行调整，如调整画面的对比度、为画面添加粒子或者光照效果等，从而为视频作品增加艺术效果，为观众带来丰富多彩、精美绝伦的视觉盛宴。

1. 添加视频效果

应用视频效果的方法非常简单，只需要将需要应用的视频效果拖动至"时间轴"面板中的素材上，然后根据需要在"效果控件"面板中对该视频效果的参数进行设置，就可以在"节目"监视器窗口中看到所应用的效果。

打开"效果"面板，展开"视频效果"选项，在该选项中包含了多个内置的视频效果组，如图 6-30 所示。如果需要为时间轴中的素材应用视频效果，可以直接将需要应用的视频效果拖动至"时间轴"中的素材上，如图 6-31 所示。

图 6-30　"视频效果"选项中的　　　　图 6-31　拖动视频效果至时间轴中的素材上应用
　　　　　　视频效果组

为时间轴中的素材应用视频效果后，会自动显示"效果控件"面板，在该面板中可以对所应用的视频效果的参数进行设置，如图 6-32 所示。完成视频效果参数的设置之后，在"节目"监视器窗口中可以看到应用该视频效果所实现的效果，如图 6-33 所示。对视频效果参数进行不同的设置，能够产生不同的效果。

图 6-32　设置视频效果参数　　　　　　图 6-33　应用"快速模糊"视频效果的效果

在使用 Premiere 的视频效果调整素材时，有时候一个视频效果即可达到调整的目的，但很多时候，需要为素材添加多个视频效果。在 Premiere 中，系统按照素材在"效果控件"面板中的视频效果从上至下的顺序进行应用，如果为素材应用了多个视频效果，需要注意视频效果在"效果控件"面板中的排列顺序，视频效果顺序不同，所产生的效果也会有所不同。

2. 编辑视频效果

为素材应用视频效果后，用户还可以对视频效果进行编辑，可以通过隐藏视频效果来观察应用视频效果前后的效果变化，如果所应用视频效果不满意，也可以将其删除。

在"时间轴"面板中选择应用了视频效果的素材，打开"效果控件"面板，单击需要隐藏的视频效果名称左侧的"切换效果开关"图标 fx，如图 6-34 所示，即可将该视频效果隐藏，再次单击该图标，即可恢复该视频效果的显示。

如果需要删除所应用的视频效果，可以在"效果控件"面板中的视频效果名称上右击，在弹出的菜单中执行"清除"命令，如图 6-35 所示，即可将该视频效果删除。或者在"效果控件"面板中选择需要删除的视频效果，按键盘上的 Delete 键，同样可以删除选中的视频效果。

图 6-34 隐藏视频效果

图 6-35 清除视频效果

6.1.6 添加字幕

字幕是短视频制作中一种非常重要的视觉元素，也是将短视频的相关信息传递给观众的重要方式。字幕中包括文字和图形对象，其中文字对象是最主要的，图形对象次之。一般情况下，我们把字幕的文字对象称为字幕素材。

1. 创建字幕

执行"文件→新建→字幕"命令，弹出"新建字幕"对话框，在"标准"选项下拉列表中选择"开放式字幕"选项，可以对其他相关选项进行设置，如图 6-36 所示。单击"确定"按钮，即可新建字幕，新建的字幕会出现在"项目"面板中，如图 6-37 所示。

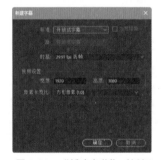

图 6-36 "新建字幕"对话框

图 6-37 "项目"面板

小贴士： 单击"项目"面板上的"新建项"图标，在弹出的菜单中执行"字幕"命令，同样可以弹出"新建字幕"对话框，进行字幕的创建操作。

双击"项目"面板中所创建的开放式字幕，即可在"源"监视器窗口中看到字幕的默认文字内容，如图 6-38 所示，并自动切换到"字幕"面板，在该面板中可以对字幕内容进行修改，并能对文字的相关属性进行设置，如图 6-39 所示。

2. 创建文字图形对象

单击"工具"面板中的"文字工具"按钮 **T**，在"节目"监视器窗口中合适的位置单击，显示红色的文字输入框，如图 6-40 所示，即可输入相应的文字内容，完成文字的输入。可以使用"选择工具"拖动调整文字的位置。如图 6-41 所示。

选择刚输入的文字，执行"窗口→基本图形"命令，打开"基本图形"面板，切换到"编辑"选项中，在"文本"选项区域中可以对文字的相关属性进行设置，如图 6-42 所示。在"节目"监视器窗口中可以看到设置文字属性后的效果，如图 6-43 所示。

图 6-38　"源"监视器窗口

图 6-39　"字幕"面板

图 6-40　文字输入框

图 6-41　拖动调整文字的位置

图 6-42　设置文字属性

图 6-43　文字效果

如果使用"垂直文字工具" ，在"节目"监视器窗口中合适的位置单击并输入文字，则可以创建出竖排文字。

3. 字幕设计窗口

执行"文件→新建→旧版标题"命令，弹出"新建字幕"对话框，用户可以根据需要设置字幕的宽度、高度、时基和像素长宽比，默认与当前序列的设置相同，还可以对字幕命名，如图 6-44 所示。单击"确定"按钮，即可弹出字幕设计窗口，如图 6-45 所示，该窗口主要由字幕工具区、字幕动作区、字幕编辑区、"旧版标题样式"面板和"旧版标题属性"面板组成。

图 6-44　"新建字幕"对话框

文字属性区

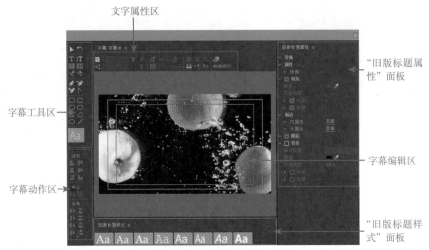

"旧版标题属性"面板

字幕工具区

字幕编辑区

字幕动作区

"旧版标题样式"面板

图 6-45 字幕设计窗口

6.1.7 添加音频

在视频后期处理过程中，音频编辑起着非常重要的作用，适当地添加音频可以使作品锦上添花，达到意想不到的效果。

1.分离与链接音视频

许多视频素材在拍摄过程中会自动收录音频，如果不需要视频素材中的音频，可以在 Premiere 中将视频与音频进行分离，分离后就可以分别对视频和音频进行单独处理。

将"项目"面板中的视频素材拖入到"时间轴"面板中的 V1 视频轨道中，如图 6-46 所示。可以看到该视频素材自带音频，自动将其自带的音频放置到音频轨道中。如果需要取消视频与音频的链接状态，可以选中"时间轴"面板中的视频素材并右击，在弹出的菜单中执行"取消链接"命令，如图 6-47 所示，即可取消音频与视频的链接状态。

图 6-46 将视频素材添加到时间轴

图 6-47 执行"取消链接"命令

取消音频与视频的链接状态之后，可以单击选中音频素材，按 Delete 键，即可将该音频素材单独删除，如图 6-48 所示。

重新导入一段音频素材，并将其拖入"时间轴"面板中的 A1 轨道中，如图 6-49 所示。在"时间轴"面板中同时选中需要链接的视频和音频素材，右击，在弹出的菜单中执行"链接"命令，如图 6-50 所示。即可链接所选中的视频和音频素材。

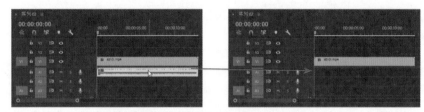

图 6-48　删除音频素材

图 6-49　将音频素材添加到时间轴

图 6-50　执行"链接"命令

小贴士：　在"时间轴"面板中先选择一个视频或音频素材，然后按住 Shift 键单击其他素材即可同时选择多个素材，也可以使用框选方式选择多个素材。

2. 添加和删除音频轨道

执行"序列→添加轨道"命令，弹出"添加轨道"对话框，可以在该对话框中设置添加音频轨道的数量，在"轨道类型"下拉列表中可以选择所添加音频轨道的类型，如图 6-51 所示。单击"确定"按钮，即可按照设置在"时间轴"面板中添加相应的音频轨道，如图 6-52 所示。

图 6-51　"添加轨道"对话框

图 6-52　添加音频轨道

执行"序列→删除轨道"命令，弹出"删除轨道"对话框，在"音频轨道"选项区中的"音频轨道"下拉列表中选择需要删除的轨道，如图 6-53 所示。单击"确定"按钮，即可将所选择的音频轨道删除，如图 6-54 所示。

3. 调整音频持续时间和速度

与编辑视频素材一样，在应用音频素材时，可以对其播放速度和持续时间长度进行修改。

选择"时间轴"面板中需要调整的音频素材，执行"剪辑→速度 / 持续时间"命令，弹出"剪

辑速度 / 持续时间"对话框,如图 6-55 所示,通过"速度"选项可以调整音频的播放速度,修改"持续时间"选项可以调整音频的时长。

另外,还可以通过拖动的方式调整音频的持续时长。将光标移至"时间轴"面板中需要调整时长的音频素材的右侧,当光标指针变为红色左向箭头时,按住鼠标左键并向左拖动,拖动到合适的位置释放鼠标,即可对音频素材进行裁剪操作,如图 6-56 所示。

图 6-53   "删除轨道"对话框

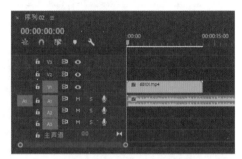

图 6-54   删除指定的音频轨道

图 6-55   "剪辑速度 / 持续
时间"对话框

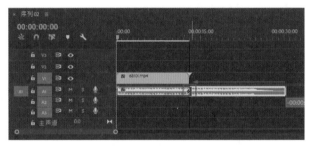

图 6-56   删除指定的音频轨道

小贴士: 在"剪辑速度 / 持续时间"对话框中修改"速度"选项的值时,音频的播放速度和持续时间都会发生变化,因此音频的节奏也改变了。

6.1.8   实战——制作梦境城市短视频

通过对视频素材中的场景进行特效处理,将城市场景的视频素材处理为场景镜像特效,结合场景的旋转以及镜头的移动变化,使视频场景表现出独特的梦境感视觉效果。

实战   制作梦境城市短视频

源文件:源文件 \ 第 7 章 \ 梦境城市短视频 .prproj   视频:视频 \ 第 7 章 \7-2.mp4

步骤1:制作视频素材镜面特效

(1)执行"文件→新建→项目"命令,弹出"新建项目"对话框,设置项目文件的名称和位置,如图 6-57 所示。单击"确定"按钮,新建项目文件。执行"文件→新建→序列"命令,弹出"新建序列"对话框,在预设列表中选择 AVCHD 选项中的 AVCHD 1080p30 选项,如图 6-58 所示。单击"确定"按钮,新建序列。

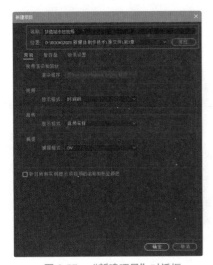

图 6-57　"新建项目"对话框

图 6-58　"新建序列"对话框

（2）双击"项目"面板的空白位置，弹出"导入"对话框，同时选中需要导入的多个视频素材文件，如图 6-59 所示。单击"打开"按钮，将选中的多个视频素材导入到"项目"面板中，如图 6-60 所示。

图 6-59　选择需要导入的多个视频素材

图 6-60　"项目"面板

（3）将"项目"面板中的 7201.mp4 视频素材拖入到"时间轴"面板中的 V1 轨道，如图 6-61 所示。在该视频素材自带的音频轨道上右击，在弹出的菜单中执行"取消链接"命令，单独选择该视频素材自带的音频，按 Delete 键，将其删除，如图 6-62 所示。

图 6-61　添加视频素材到时间轴

图 6-62　删除视频素材自带音频

（4）选择 V1 轨道中的视频素材，打开"效果控件"面板，在"位置"属性的"垂直位置"属性值上方按住鼠标左键并向右拖动，如图 6-63 所示。调整视频素材的垂直位置，在"节目"窗口中可以看到视频素材的效果，如图 6-64 所示。

图 6-63　调整位置属性值

图 6-64　调整视频素材的垂直位置

　小贴士：　在调整视频素材的垂直位置时，注意所选择的视频素材不同，垂直位置的值也会有所不同，重点是观察"节目"窗口中视频素材地平线的位置，一般位于画面的一半左右即可。

（5）在"效果"面板中的搜索栏中输入"裁剪"，快速找到"裁剪"效果，如图 6-65 所示。将"裁剪"效果拖入到 V1 轨道中的视频素材上，为其应用该效果，在"效果控件"面板设置"裁剪"效果中的"顶部"和"羽化边缘"属性，如图 6-66 所示。

图 6-65　"效果"面板

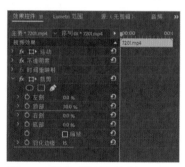

图 6-66　设置"裁剪"效果相关属性

（6）完成"裁剪"效果相关属性的设置，在"节目"窗口中可以看到视频素材的效果，如图 6-67 所示。按住 Alt 键，在"时间轴"面板中向上拖动 V1 轨道中的视频素材，复制该视频素材并放置在 V2 轨道中，如图 6-68 所示。

图 6-67　应用"裁剪"效果后的素材效果

图 6-68　复制视频素材并放置在 V2 轨道中

（7）选择 V2 轨道中的视频素材，在"效果控件"面板中的"运动"选项区中设置"旋转"属性值为 180°，向左拖动"垂直位置"属性值，将视频素材垂直向上移至合适的位置，如图 6-69 所示。在"节目"窗口中可以看到视频素材的效果，如图 6-70 所示。

图 6-69　设置"运动"相关属性　　　　图 6-70　"节目"窗口中的视频素材效果

（8）同时选中 V1 和 V2 轨道中的两个视频素材，执行"剪辑→嵌套"命令，弹出"嵌套序列名称"对话框，设置如图 6-71 所示。单击"确定"按钮，将两个轨道中的视频进行嵌套操作，得到嵌套后的视频素材，如图 6-72 所示。

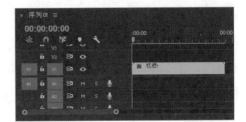

图 6-71　"嵌套序列名称"对话框　　　　图 6-72　得到嵌套后的视频素材

（9）将"项目"面板中的 7202.mp4 视频素材拖入到"时间轴"面板中的 V1 轨道中的"视频 1"素材之后，并删除该视频素材自带的音频，如图 6-73 所示。在"节目"窗口中可以看到 7202.mp4 视频素材的默认效果，如图 6-74 所示。

图 6-73　将视频素材拖入 V1 轨道中　　　　图 6-74　素材的默认效果

（10）根据 7201.mp4 素材镜面效果相同的制作方法，可以完成该段视频素材镜面效果的制作，如图 6-75 所示。在"时间轴"面板中将 V1 和 V2 轨道中的 7202.mp4 素材进行嵌套操作，得到嵌套后的"视频 2"素材，如图 6-76 所示。

图 6-75 制作素材的镜面效果

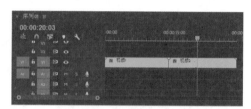

图 6-76 "时间轴"面板

（11）使用相同的制作方法，分别将 7203.mp4 ～ 7206.mp4 素材拖入到"时间轴"面板中，完成这几段视频素材镜面特效的制作，如图 6-77 所示，"时间轴"面板如图 6-78 所示。

图 6-77 制作每段视频素材的镜面效果

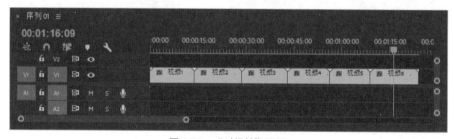

图 6-78 "时间轴"面板

步骤2：制作视频素材动画

（1）选择 V1 轨道中的"视频 1"素材，将时间指示器移至 0 位置，在"效果控件"面板中设置"旋转"为12°，"缩放"为135，并分别单击这两个属性左侧的"切换动画"图标 ，插入这两个属性关键帧，如图 6-79 所示，在"节目"窗口中可以看到"视频 1"素材的效果，如图 6-80 所示。

图 6-79　设置"旋转"和"缩放"属性值　　　　图 6-80　视频素材的效果

　　小贴士：　Premiere 拥有强大的运动效果生成功能，通过简单的设置，可以使静态的素材画面产生运动效果。关键帧动画可以在原有的视频画面基础上，通过创建关键帧对素材进行移动、变形、缩放等动画效果的制作。

（2）将时间指示器移至 6 秒的位置，在"效果控件"面板中设置"缩放"为100，"旋转"为0°，自动在当前位置添加这两个属性的关键帧，如图 6-81 所示，在"节目"窗口中可以看到"视频 1"素材的效果，如图 6-82 所示。

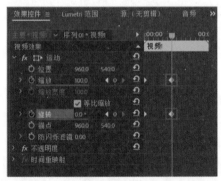

图 6-81　设置属性值自动添加关键帧　　　　图 6-82　视频素材的效果

　　小贴士：　在"时间轴"面板中拖动时间指示器可以将其移至指定的时间位置，也可以单击"时间轴"面板左上角或"效果控件"面板左下角的时间码，直接输入需要跳转到的时间位置。

（3）将时间指示器移至 9 秒的位置，在"效果控件"面板中分别单击"缩放"和"旋转"属性右侧的"添加/移除关键帧"图标 ，手动添加属性关键帧，使其与前一个关键帧属性值相同，如图6-83所示。将时间指示器移至 13 秒 27 帧的位置，设置"缩放"为130，"旋转"为 -10°，自动在当前位置添加这两个属性的关键帧，如图 6-84 所示。

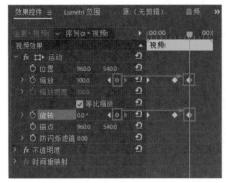

图 6-83　手动添加属性关键帧　　　　　　　图 6-84　设置属性值自动添加属性关键帧

（4）选择 V1 轨道中的"视频 2"素材，将时间指示器移至 13 秒 28 帧的位置，在"效果控件"面板中设置"旋转"为 -10°，"缩放"为 130，并分别单击这两个属性左侧的"切换动画"图标，插入这两个属性关键帧，如图 6-85 所示，在"节目"窗口中可以看到"视频 2"素材的效果，如图 6-86 所示。

图 6-85　设置"旋转"和"缩放"属性值　　　　图 6-86　视频素材的效果

（5）将时间指示器移至 28 秒 22 帧的位置，在"效果控件"面板中设置"旋转"为 -20°，"缩放"为 130，自动在当前位置添加这两个属性的关键帧，如图 6-87 所示。在"节目"窗口中可以看到"视频 2"素材的效果，如图 6-88 所示。

图 6-87　设置属性值自动添加属性关键帧　　　图 6-88　视频素材的效果

（6）选择 V1 轨道中的"视频 4"素材，将时间指示器移至 43 秒 01 帧的位置，在"效果控件"面板中设置"缩放"为 140，并单击该属性左侧的"切换动画"图标，插入这两个属性关键帧，如图 6-89 所示，在"节目"窗口中可以看到"视频 4"素材的效果，如图 6-90 所示。

图 6-89 设置属性值并插入属性关键帧

图 6-90 视频素材的效果

（7）将时间指示器移至 56 秒 13 帧的位置，在"效果控件"面板中设置"缩放"为 100，自动在当前位置添加该属性的关键帧，如图 6-91 所示。在"节目"窗口中可以看到"视频 4"素材的效果，如图 6-92 所示。

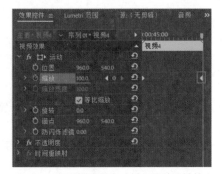
图 6-91 设置属性值自动插入属性关键帧

图 6-92 视频素材的效果

（8）选择 V1 轨道中的"视频 6"素材，将时间指示器移至 1 分 09 秒 04 帧的位置，在"效果控件"面板分别单击"旋转"和"缩放"属性左侧的"切换动画"图标，插入这两个属性关键帧，如图 6-93 所示，在"节目"窗口中可以看到"视频 6"素材的效果，如图 6-94 所示。

图 6-93 插入属性关键帧

图 6-94 视频素材的效果

（9）将时间指示器移至 1 分 24 秒 12 帧的位置，在"效果控件"面板中设置"旋转"为 -15°，"缩放"为 142，自动在当前位置添加这两个属性的关键帧，如图 6-95 所示。在"节目"窗口中可以看到"视频 6"素材的效果，如图 6-96 所示。此时，完成了视频素材动画的制作。

图 6-95　设置属性值自动插入属性关键帧

图 6-96　视频素材的效果

步骤3：制作视频素材变速效果

（1）拖动 V1 轨道名称部分的分隔线，将 V1 轨道视图放大，如图 6-97 所示。选择 V1 轨道中的"视频 1"素材，右击该素材左上角的 fx 图标，在弹出的菜单中执行"时间重映射→速度"命令，如图 6-98 所示。

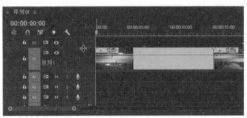

图 6-97　放大 V1 轨道视图

图 6-98　执行"时间重映射→速度"命令

（2）在该视频素材中的中间位置显示其速率线，如图 6-99 所示。拖动时间指示器，在"节目"窗口中找到需要将视频变快的部分，按住组合键 Ctrl+Alt 不放，在当前位置的速率线上单击，添加一个关键帧，如图 6-100 所示。

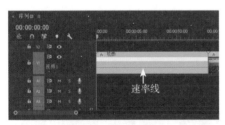

图 6-99　显示视频速率线

图 6-100　插入变速关键帧

（3）拖动时间指示器，在视频变速结束的部分，按住组合键 Ctrl+Alt 不放，在当前位置的速率线上单击，添加一个关键帧，如图 6-101 所示。向上拖动两个关键帧之间的速率线，从而提升两个关键帧之间的视频的播放速度，如图 6-102 所示。

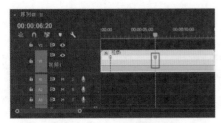
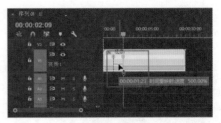

图 6-101　插入变速关键帧　　　　　　图 6-102　向上拖动速率线提升该部分的速度

🖊 小贴士：　向上拖动速率线，可以提升该部分的播放速度，向下拖动速率线，可以降低该部分的播放速度，在 Premiere 中最高可以升速 10 倍或降速到 10%，也就是升速或降速 1000%，可以根据需要来调整。

（4）完成视频素材局部变速效果的制作，使用相同的操作方法，也可以为其他视频素材中的局部进行变速效果的制作。

步骤4：添加视频过渡效果

（1）在"效果"面板中展开"视频过渡"选项中的"溶解"选项组，如图 6-103 所示。将"叠加溶解"效果拖至"时间轴"面板中的 V1 轨道中的"视频 1"至"视频 2"素材之间，应用该过渡效果，如图 6-104 所示。

图 6-103　展开"视频过渡"效果组　　　图 6-104　在素材之间添加"叠加溶解"效果

（2）单击选择 V1 轨道中的"视频 1"至"视频 2"素材之间的过渡效果，在"效果控件"面板中设置其"持续时间"为 1 秒 15 帧，如图 6-105 所示。在"节目"窗口中可以看到"视频 1"至"视频 2"素材之间的"叠加溶解"过渡效果，如图 6-106 所示。

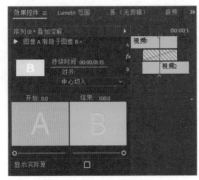

图 6-105　设置"持续时间"选项　　　　图 6-106　查看"叠加溶解"过渡效果

（3）使用相同的操作方法，分别在 V1 轨道中其他各素材之间添加相应的视频过渡效果，如图 6-107 所示。

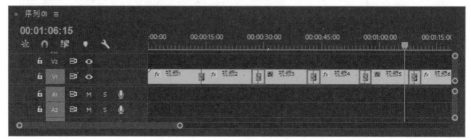

图 6-107　在各素材之间添加视频过渡效果

步骤5：制作标题文字动画

（1）将时间指示器移至 0 秒位置，单击工具栏中的"文字工具"，在"节目"窗口中单击并输入标题文字，在"效果控件"面板中的"文本"选项区中对文字的相关属性进行设置，如图 6-108 所示。使用"选择工具"，在"节目"窗口中调整标题文字到合适的位置，如图 6-109 所示。

图 6-108　设置文字相关属性

图 6-109　调整标题文字的位置

（2）选择 V2 轨道中的标题文字，将光标移至该标题文字的右侧，当光标呈现如图 6-110 所示的效果时，按住鼠标左键并拖动，调整标题文字的持续时间与 V1 轨道中的视频素材相同，如图 6-111 所示。

图 6-110　光标效果

图 6-111　调整标题文字的持续时间

（3）在"效果"面板中的搜索栏中输入"粗糙边缘"，快速找到"粗糙边缘"效果，如图 6-112 所示。将"粗糙边缘"效果拖入到 V2 轨道中的标题文字素材上，为其应用该效果，在"效果控件"面板中可以看到"粗糙边缘"效果的相关设置属性，如图 6-113 所示。

图 6-112　搜索"粗糙边缘"效果

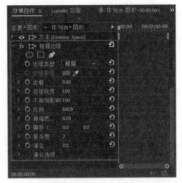

图 6-113　显示"粗糙边缘"效果设置属性

（4）在"效果控件"面板为"运动"选项区中的"缩放"属性插入关键帧，在"粗糙边缘"选项区中设置"边框"为 300，并插入该属性关键帧，如图 6-114 所示。在"节目"窗口中可以发现标题文字为隐藏状态，如图 6-115 所示。

图 6-114　设置属性值并插入关键帧

图 6-115　标题文字为不可见状态

（5）将时间指示器移至 6 秒位置，在"效果控件"面板中的"粗糙边缘"选项区中设置"边框"为 0，在"运动"选项区中设置"缩放"为 135，如图 6-116 所示。在"时间轴"面板中拖动时间指示器，在"节目"窗口中可以看到标题文字显示的动画效果，如图 6-117 所示。

图 6-116　设置属性值自动插入属性关键帧

图 6-117　标题文字溶解显示动画

步骤6：为短视频添加背景音乐

（1）执行"文件→导入"命令，在弹出的"导入"对话框中选择需要导入的背景音乐文件，如图6-118所示。单击"打开"按钮，将选择的音乐文件导入"项目"面板中，将导入的音乐文件拖入"时间轴"面板中的A1轨道中，如图6-119所示。

图 6-118　选择需要导入的音乐素材文件　　　　图 6-119　将音乐素材拖入 A1 轨道中

（2）选择A1轨道中的音频素材，单击工具箱中的"剃刀工具"按钮，将光标移至视频素材结束的位置，如图6-120所示。在音频素材上单击，将音频素材分割为两段，将后面不需要的一段删除，如图6-121所示。

图 6-120　光标移至音频素材需要分割的位置　　　图 6-121　分割音频素材并删除不需要的部分

（3）在"效果"面板中的搜索栏中输入"指数淡化"，快速找到"指数淡化"效果，如图6-122所示。将"指数淡化"效果拖入A1轨道中的音频素材结束的位置，为其应用该效果，如图6-123所示。

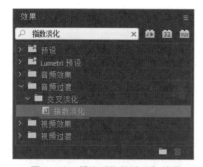

图 6-122　搜索"指数淡化"效果　　　　图 6-123　将"指数淡化"效果拖至音频素材结束位置

（4）单击选择音频素材结尾添加的"指数淡化"效果，在"效果控件"面板中设置"持续时间"为3秒，如图6-124所示，"时间轴"面板如图6-125所示。

图 6-124　设置"持续时间"选项

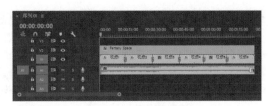

图 6-125　"时间轴"面板

步骤7：输出短视频

（1）选择"节目"窗口，执行"文件→导出→媒体"命令，弹出"导出设置"对话框，在"格式"下拉列表中选择H.264选项，单击"输入名称"选项后的文字，设置输出的文件名称和位置，如图6-126所示。单击"导出"按钮，即可按照设置将项目文件导出为相应的视频，如图6-127所示。

图 6-126　设置"导出设置"对话框

图 6-127　导出视频文件

（2）完成梦境城市短视频的制作和输出，可以使用视频播放器观看该科幻短视频的效果，如图 6-128 所示。

图 6-128　观看梦境城市短视频的最终效果

图 6-128 观看梦境城市短视频的最终效果（续）

6.2 苹果系统视频剪辑软件应用：Final Cut Pro

Final Cut Pro X 是一款基于 Mac OS 系统的非线性视频编辑软件。Final Cut Pro X 是革命性的应用程序，可用于创建、编辑和制作最高品质的视频。Final Cut Pro 将高性能数码编辑和对几乎任何视频格式的原生支持与易于使用且节省时间的功能相结合，从而让用户能够重点关注视频故事本身。

6.2.1 Final Cut Pro 的工作流程

64 位架构的 Final Cut Pro X，打破了 32 位只可以调用 4GB RAM 的限制，充分释放计算机功能；可以原生支持 REDCODE RAW、Sony XAVC、AVCHD、H.264、AVC-Intra、MXF 等格式，减少转码时间，降低画质损失；创造性地引入磁性时间线，颠覆传统剪辑模式；拥有高品质视频编码 ProRes，可以对全帧速率 4：2：2、4：4：4HD 高清、2K、4K 和分辨率更大的视频源进行实时剪辑。Final Cut Pro X 可以实时、高效地对工程文件进行保存和备份，保证工作成果的安全性。

在开始使用 Final Cut Pro 进行视频剪辑处理之前，首先了解一下在 Final Cut Pro 软件中进行视频剪辑处理的基本工作流程，流程大致分为 4 步，如图 6-129 所示。

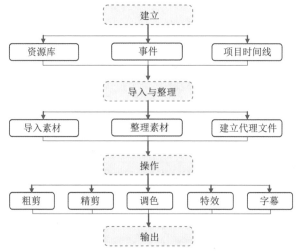

图 6-129 Final Cut Pro 的基本工作流程

1.建立资源库、事件、项目时间线

这是视频剪辑的第一步，需要搭建工作平台，建立一个适用于当前项目属性的工程。

2.导入素材、整理素材、建立代理文件

如果说第一步没有能够体现 Final Cut Pro 的与众不同，那么从这里开始将呈现不同的世界。

（1）从导入素材开始就可以进行剪辑。Final Cut Pro 除了提供多种快捷导入方式外，还提供对某些格式重新封装的片段导入方式，在导入时可以只选择需要的片段，从而节省计算机资源。

（2）便捷的代理文件。在处理类似于 4K 素材的高分辨率、高码率的素材时，能够便捷地建立代理文件，减小计算机运行的压力。

（3）提供多种类型的素材分类方式，适用于不同风格影片的剪辑。这样，在面对数量庞大的素材时，用户也能一目了然，做到心中有数。

3.粗剪、精剪、调色、特效、字幕

Final Cut Pro 创造性地引入磁性时间线的概念，使操作更加便捷，使用户能把更多的精力放在创作上。

Final Cut Pro 还拥有一套强大的调色系统，支持二级调色，是剪辑软件领域中的佼佼者。

4.影片输出

Final Cut Pro 支持多种格式、多种编码、多种码率的文件输出。与此同时，配合使用 Compressor 软件可以更便捷地输出影片。

6.2.2　安装 Final Cut Pro

在 Mac OS 系统中，单击系统界面下方程序库中的 App Store 图标，如图 6-130 所示。启动 App Store，如图 6-131 所示。

图 6-130　App Store 图标

图 6-131　App Store 界面

单击"类别"按钮，选择"摄影与录像"类别，如图 6-132 所示。在对话框左上角的搜索栏中输入 Final Cut Pro，快速查找 Final Cut Pro 软件，如图 6-133 所示。

图 6-132　选择"摄影与录像"类别

图 6-133　搜索 Final Cal Pro

单击 Final Cut Pro 图标，进入下载安装页面，单击"安装"按钮 ，系统开始自动下载应用程序。稍等片刻，即可完成软件的安装，如图 6-134 所示。用户可以在"启动台"中找到 Final Cut Pro 的启动图标，如图 6-135 所示。

图 6-134 安装 Final Cut Pro

图 6-135 启动台

单击 Final Cut Pro 的启动图标，即可启动 Final Cut Pro。Final Cut Pro 的工作界面如图 6-136 所示。

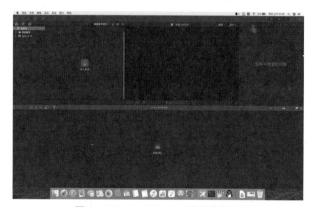
图 6-136 Final Cut Pro 的工作界面

6.2.3 认识 Final Cut Pro X

完成 Final Cut Pro 的安装之后，打开该软件，可以看到其工作界面主要由 5 个区域组成，如图 6-137 所示。

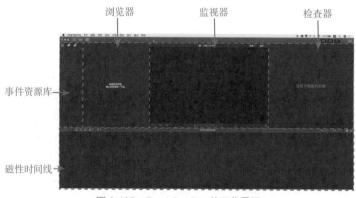
图 6-137 Final Cut Pro 的工作界面

在 Final Cut Pro 工作界面中还包含一些主要的功能操作按钮，如图 6-138 所示，分别介绍如下。

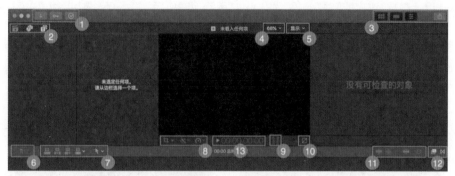

图 6-138　Final Cut Pro 工作界面中的主要功能操作按钮

（1）该选项栏中的"导入媒体"按钮 用于打开"媒体导入"对话框，（快捷键为 Command+ I），如图 6-139 所示；"关键词"按钮 用于打开"关键词编辑器"对话框（快捷键为 Command+ K），如图 6-140 所示；"后台任务"按钮 用于打开"后台任务"对话框（快捷键为 Command+ 9），渲染、转码、分析和导出等进度都可以在这里查看，如图 6-141 所示。

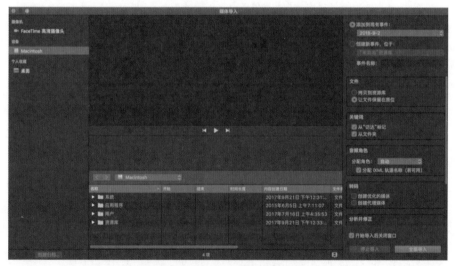

图 6-139　"媒体导入"对话框

图 6-140　"关键词编辑器"对话框

图 6-141　"后台任务"对话框

（2）该选项"资源库" 按钮用于查看和管理"资源库""项目"和导入的素材；"照片和音频" 按钮用于打开"照片和音频"面板，如图 6-142 所示。其中，"照片"用于浏览和使用图片及视频，"iTunes"用于浏览和使用 iTunes 应用里的音乐，"声音效果"用于浏览和使用 Final Cut Pro 中的声音效果；"字幕和发生器" 按钮用于打开"字幕和发生器"面板，如图 6-143 所示，第三方字幕和发生器插件也安装于此。

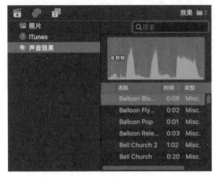

图 6-142　"照片和音频"面板　　　　　　　图 6-143　"字幕和发生器"面板

（3）该选项"显示或隐藏浏览器" 按钮（快捷键为 Control+Command+1）用于在工作界面中显示或隐藏"浏览器"面板，如图 6-144 所示；"显示或隐藏时间线" 按钮（快捷键为 Control+Command+2）用于在工作界面中显示或隐藏"时间线"面板，如图 6-145 所示；"显示或隐藏检查器" 按钮（快捷键为 Command+4）用于在工作界面中显示或隐藏"检查器"面板；"共享项目、事件片段或时间线范围" 按钮用于打开共享面板，并进行输出视频、音频和图片等操作。

图 6-144　隐藏工作界面中的"浏览器"面板　　　图 6-145　隐藏工作界面中的"时间线"面板

（4）该选项用于调整"监视器"面板中视图的显示大小。该操作只会改变视图大小，不会改变素材本身。例如，在进行一些精准操作时需要将视图放大，以方便操作。

（5）单击该"显示"选项，可以展开更多"监视器"面板的相关详细功能，包括显示角度、显示质量等。

（6）"索引"选项用于搜索和管理时间线上的素材。

（7）该选项栏用于对时间线面板中的素材进行处理的相关剪辑工具。

（8）该选项栏中的"裁剪" 按钮（快捷键为 Shift+C）用于素材裁剪；"选取颜色校正和音频增强选项" 按钮用于颜色的匹配和平衡，以及音频的匹配和增强；"选取片段重新定时选项" 按钮（快捷键为 Command+R）通常在对视频进行"重新定时"（调节速度）时使用。

（9）"音频指示器"，可以在"时间线"面板右侧展开。

（10）"以全屏模式播放" 按钮用于全屏播放素材。

（11）该选项栏用于调整"时间线"面板的显示效果和工作方式。

（12）该选项栏中的"效果浏览器"按钮（快捷键为 Command+5）用于打开"效果浏览器"
面板，如图 6-146 所示；"转场浏览器"按钮（快捷键为 Shift+Command+5）用于打开"转场浏览器"
面板，如图 6-147 所示，安装的第三方效果或转场插件也显示于此。

图 6-146　"效果浏览器"面板

图 6-147　"转场浏览器"面板

（13）用于显示时间码。

小贴士：　在管理素材时，关闭"时间线"面板可以显示更多的素材；在调色时，关闭"浏
览器"面板可以留出空间给"视频观测仪"。拖动面板之间的分界线可以对面板大小进行微调。

6.2.4　掌握 Final Cut Pro 的基本操作

好的剪辑开始于有条不紊的整理。Final Cut Pro 提供了一个庞大的可以扩展的元数据结构，以
确保能够同时做到既灵活简单而又精确的分类、组织和管理等工作。

1. 创建剪辑环境

剪辑环境是由"资源库""事件""项目"共同组成的。"资源库"用于管理"事件"和"项目"，
代理媒体、优化的媒体和渲染文件也存储在资源库中。如果导入媒体前在"偏好设置"中选中了"拷
贝到资源库储存位置"选项，那么资源库还将存储所有导入的媒体。"事件"用于管理项目和媒体。
只有建立了"项目"才能开始剪辑，"项目"保存着对应时间线上所有的剪辑数据。

（1）建立资源库。启动 Final Cut Pro，系统会自动弹出"打开资源库"对话框，如图 6-148 所示。
单击"新建"按钮，弹出"新建资源库"对话框，单击"存储为"选项右侧的下拉图标，展开完整
的选项，如图 6-149 所示。

图 6-148　"打开资源库"面板

图 6-149　"新建资源库"面板

在对话框左侧选择需要存储的位置，在"存储为"文本框中可以对资源库命名，单击"存储"按钮，便成功建立了资源库。资源库建立完成之后会出现在"浏览器"面板中，如图6-150所示。

在"打开资源库"对话框中单击"查找"按钮，弹出"打开资源库"对话框，选择之前创建好的资源库文件，单击"打开"按钮，如图6-151所示，即可打开以前建立的资源库。

图6-150　可以看到所创建的资源库　　　　　　图6-151　打开以前的资源库

（2）创建事件。资源库建立完成后，系统会根据当前日期自动创建"事件"，且会根据当前日期为"事件"命名。选中"事件"，按回车键可以对"事件"进行重命名。将"事件"重命名为"创建剪辑环境"，如图6-152所示。

也可以在资源库名称上右击，在弹出的菜单中执行"新建事件"命令，如图6-153所示。弹出"新建事件"对话框，如图6-154所示。可以在"事件名称"文本框中输入文字，为事件命名。如果建立了多个资源库，那么可以在"资源库"选项中选择将事件建立在哪个资源库中，然后单击"好"按钮即可创建新的事件。在同一个资源库中可以建立多个事件。

图6-152　重命名事件　　　　　　图6-153　执行"新建事件"命令

图6-154　"新建事件"对话框

（3）创建项目。在任务栏中执行"文件→新建→项目"命令，如图6-155所示，或按快捷键Command+N，或者在资源库或事件名称上右击，在弹出的菜单中执行"新建项目"命令，弹出"项目设置"对话框，可以对项目的相关选项进行设置，如图6-156所示。项目设置没有固定的格式，需要根据拍摄的影片和剪辑需求进行设置。

图6-155　执行菜单命令

项目名称：用于对项目命名。

事件：用于选择"项目"建立在哪个"事件"中。

起始时间码：保持默认即可。

视频：根据拍摄的素材而定。例如，拍摄了分辨率为 3840×2160、速率为 24 帧 / 秒的视频，那么应该设置"格式"为 4K、"分辨率"为 3840×2160、"速率"为 24P。

渲染：根据需求选择"编解码器"，最高为"Apple ProRes 4444 XQ"，默认的"Apple ProRes 422"足以满足绝大部分用户的剪辑需要；"颜色空间"一般保持默认设置"标准 -Rec.709"。

音频："通道"分为"环绕声"和"立体声"，"采样速率"根据前期音频录制的采样速率确定。

完成"项目设置"对话框中选项的设置之后，单击"好"按钮，即可创建项目，所创建的项目将出现在"浏览器"面板对应的事件中，如图 6-157 所示。

图 6-156　"新建项目"对话框

图 6-157　完成项目的创建

2. 导入媒体素材

完成资源库和事件的创建之后，就可以导入媒体素材了。在第 7 章的资源库中新建事件，将其重命名为"导入媒体"，如图 6-158 所示。执行"文件→导入→媒体"命令或按快捷键 Command+I，如图 6-159 所示。

图 6-158　新建事件

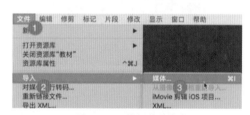

图 6-159　执行菜单命令

弹出"媒体导入"界面，界面可分为 4 个区域，如图 6-160 所示。

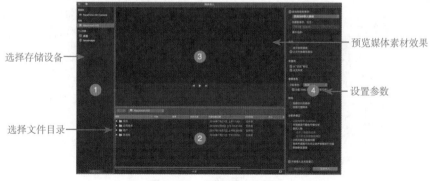

选择存储设备

选择文件目录

预览媒体素材效果

设置参数

图 6-160　"媒体导入"界面

小贴士： 大多数外置存储设备读写性能较低，建议用户先把媒体素材复制到计算机硬盘或外置高性能硬盘后再进行导入剪辑。

选择需要导入的媒体素材文件，单击"媒体导入"界面右下角的"全部导入"按钮，如图6-161所示，即可将所选择的媒体素材导入到所选择的事件中。在"浏览器"面板中的"导入媒体"事件中可以看到所导入的视频素材，如图6-162所示。

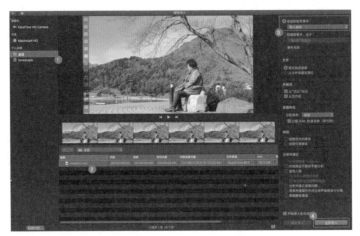

图 6-161　选择需要导入的媒体素材

图 6-162　在"浏览器"面板中查看所导入的素材

Final Cut Pro 支持导入文件夹，在导入时只需选中文件夹即可将文件夹中的媒体全部导入。例如，在"媒体导入"界面中选择所需要导入的媒体素材文件夹，单击界面右下角的"导入所选项"按钮，如图6-163所示。导入完成后，在"浏览器"面板中可以看到所导入文件中的所有媒体素材，如图6-164所示。

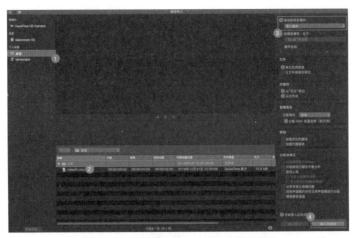

图 6-163　选择需要导入的媒体素材文件夹

　　小贴士： 选中需要导入媒体的事件，然后将需要导入的媒体素材文件直接拖曳到 Final Cut Pro 的"浏览器"面板中，可以导入媒体素材文件。同样，直接拖曳文件夹到"浏览器"面板中，可以导入文件夹内的所有媒体。需要注意的是，导入媒体素材时一定要先选中事件再导入。

图 6-164　查看所导入的文件夹中的多个素材

　　将鼠标指针移动到"浏览器"面板中的视频素材上，视频素材中将出现一条红线，即"浏览条"。左右移动鼠标可以快速地在"监视器"面板中浏览视频素材，如图 6-165 所示。如果将鼠标指针移动到视频上时没有出现"浏览条"，那么可以在任务栏执行"显示→浏览"命令或按 S 键启用"浏览"功能，"时间线"面板内也会出现一条红线，该红线同样称为"浏览条"。

　　在"浏览器"面板中单击某个视频素材，可以选中该视频素材，被选中的视频素材四周出现黄色线框，表示被选中，如图 6-166 所示。

图 6-165　显示素材"浏览条"

图 6-166　选中视频素材

　　小贴士： 选中视频素材或将鼠标指针放在视频素材上（需打开"浏览"功能），按空格键可播放所选视频素材，视频素材将从鼠标指针（浏览条）所在位置向后播放；按 / 键可以从头播放所选视频素材，但只有选中片段后才可使用 / 键。

　　在浏览视频素材片段时可以进行倍速播放。按 J 键可向前以正常速度倒转播放，每多按一下 J 键可调整一次倒转播放速度；按 L 键可向后以正常速度播放，每多按一下 L 键可调整一次播放速度（最快以 32 倍速度播放）；按 K 键可以停止播放；同时按住 J 键和 K 键，可向前以 1/2 速度播放；同时按住 L 键和 K 键可向后以 1/2 速度播放；在按住 K 键的同时按一下 J 键，可向前移动一帧；在按住 K 键的同时，按一下 L 键，可向后移动一帧；按←方向键或→方向键可向前或向后移动一帧；按↑方向键或↓方向键可以选择上一个视频素材片段或下一个视频素材片段。

　　小贴士： 在任务栏中执行"显示→播放"命令，可进行更多的播放设置。在任务栏中执行"显示→播放→循环播放"命令，或按快捷键 Command+L，可以激活循环播放功能，然后按空格键或 / 键播放，将循环播放所选视频素材。

　　3. 编辑工具

　　在"第 7 章"资源库中新建文件，将其重命名为"编辑工具"，如图 6-167 所示，在任务栏中执行"文件→新建→项目"命令，弹出"项目设置"对话框，可以对项目的相关选项进行设置，如图 6-168 所示。

图 6-167　新建文件　　　　　　　　　　图 6-168　"项目设置"对话框

单击"好"按钮，完成项目的创建，在"浏览器"面板中可以看到新建的项目，如图 6-169 所示。同时，在"时间线"面板中会自动打开新建的项目（此时为空白项目），如图 6-170 所示。

图 6-169　新建的项目　　　　　　　　　图 6-170　"时间线"面板

如果在"时间线"面板中没有自动打开新建的项目，则在"浏览器"面板中双击该项目即可。"时间线"面板左上方显示了常用的剪辑工具，如图 6-171 所示。

图 6-171　"时间线"面板上的常用的剪辑工具

单击█按钮，可以将所选片段连接到主要故事情节；单击█按钮，将所选片段插入到主要故事情节或所选故事情节；单击█按钮，将所选片段追加到主要故事情节或所选故事情节；单击█按钮，将所选片段覆盖主要故事情节或所选故事情节。

在"浏览器"面板中同时选中 video01 和 video02 两个视频素材片段，如图 6-172 所示。单击"将所选片段追加到主要故事情节或所选故事情节"按钮█，将选中的两个视频素材片段添加到"时间线"面板中（也可以直接将相关视频拖曳到"时间线"面板中），如图 6-173 所示。

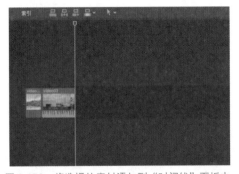

图 6-172　选择多个素材　　　　　　　　图 6-173　将选择的素材添加到"时间线"面板中

在任务栏中执行"显示→缩放至窗口大小"命令或按快捷键 Shift+Z，"时间线"面板中的素材片段将被缩放至窗口大小，如图 6-174 所示。

图 6-174　将时间线中的素材片段缩放至窗口大小

在默认情况下，"时间线"面板中的播放头为白色，选中后变为黄色。拖动播放头至两个视频素材之间，如图 6-175 所示。

在"浏览器"面板中选中 video03 素材，单击"将所选片段连接到主要故事情节"按钮■，该素材片段会被从播放头或浏览条处向后插入到现有素材片段上方；当视频中含有音频时，"时间线"面板会默认显示音频波形。video02 和 video03 这两个素材包含音频，video01 素材没有音频，如图 6-176 所示。

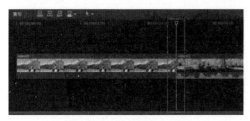

图 6-175　移动播放头位置

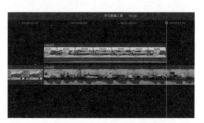

图 6-176　"时间线"面板

小贴士：　在"时间线"面板中单击选择某个素材片段（被选中的素材片段四周会出现黄色线框），按 Delete 键，即可在时间线上删除所选素材片段，"浏览器"面板中的原始素材片段不受影响。

将播放头移动至"时间线"面板中的 video02 素材片段的最后，如图 6-177 所示。在"浏览器"面板中选中 video03 素材片段，单击"将所选片段连接到主要故事情节"按钮■，video03 素材片段下方将会出现同等长度的灰色条，称为"空隙"，如图 6-178 所示。

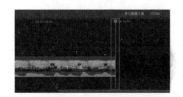

图 6-177　移动播放头位置

图 6-178　添加素材片段效果

将播放头移动至 video02 素材片段的任意位置，如图 6-179 所示。在"浏览器"面板中选中 video03 素材片段，单击"将所选片段插入到主要故事情节或所选故事情节"按钮■，video03 素材片段会被插入到播放头处，并将 video02 素材片段分开，此时时间线的总长度已经发生变化，如图 6-180 所示。

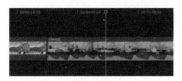

图 6-179　移动播放头位置

图 6-180　分割并插入所选素材片段

在"浏览器"面板中选中 video03 素材片段，单击"将所选片段覆盖主要故事情节或所选故事情节"按钮▣，如图 6-181 所示。video03 素材片段会被插入到播放头之后，并覆盖处于播放头之后的素材片段（插入的片段有多长，就会覆盖多长），如图 6-182 所示。

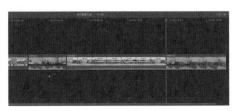

图 6-181 选择素材片段　　　　　　　　图 6-182 插入素材片段并覆盖当前片段

小贴士：　　video03 素材片段的持续时间并没有 video02 素材片段的持续时间长，所以 video02 素材片段没有被完全覆盖，并且时间线总长度没有发生变化。

6.2.5　实战——使用 Final Cut Pro 剪辑制作短视频

通过本案例的制作，掌握 Final Cut Pro 制作短视频的方法和技巧，了解导入素材和编辑素材的方法，同时熟悉软件的基本编辑和操作方法。

实战　制作可爱贴纸背景短视频

源文件：源文件 \ 第 7 章 \ 制作可爱贴纸背景短视频　　　视频：视频 \ 第 7 章 \7-4.mp4

步骤1：导入素材制作背景效果

（1）启动 Final Cut Pro，单击"导入媒体"按钮，将"街道 .mp4"文件导入到"浏览器"面板中，如图 6-183 所示。在该文件上单击鼠标右键，在弹出的快捷菜单中选择"新建项目"选项，如图 6-184 所示。

图 6-183 导入媒体素材　　　　　　　　图 6-184 新建项目命令

（2）在弹出的对话框中对各项参数进行设置，如图 6-185 所示，单击"好"按钮。新建项目效果如图 6-186 所示。

（3）将"清新背景 .jpg"文件导入到"浏览器"面板中，并将其拖曳到视频时间线下面的时间线上，如图 6-187 所示。拖曳右侧边界，使其与视频长度相同，如图 6-188 所示。

图 6-185 设置项目参数

图 6-186　新建项目效果

图 6-187　拖曳到时间线上

（4）选中时间线上的视频，单击右侧"显示视频检查器"按钮，拖动滑块，修改"缩放（全部）"选项的数值，如图 6-189 所示，效果如图 6-190 所示。

（5）选中背景文件，拖动滑块，修改"缩放 Y"选项的数值，如图 6-191 所示，效果如图 6-192 所示。

图 6-188　改变背景图片长度

图 6-189　设置缩放参数

图 6-190　视频缩放效果

图 6-191 设置缩放 Y 参数

图 6-192 背景缩放效果

步骤2：导入并编辑卡通素材

（1）将"卡通贴纸.png"文件导入到"浏览器"面板中，并将其拖曳到视频时间线上面的时间线上，拖曳右侧边界，使其与视频长度相同，如图 6-193 所示。

（2）选中卡通贴纸文件，拖动滑块，修改其旋转角度和裁剪范围，效果如图 6-194 所示。

图 6-193 导入素材并拖曳到时间线上

图 6-194 编辑素材效果

（3）单击"变化"选项后面的▇图标，将行李箱拖曳到如图 6-195 所示位置。单击"完成"按钮。再次将"卡通贴纸"文件拖曳到时间线上，使用相同的方法，裁剪红色帽子并拖曳到视频右上角的位置，如图 6-196 所示。

图 6-195 移动图像位置

图 6-196 制作并移动文件位置

（4）将"边框 .png"文件导入到"浏览器"面板中，并将其拖曳到最顶端的时间线上，拖曳右侧边界，使其与视频长度相同，如图 6-197 所示。对边框素材进行缩放操作，调整到合适的大小和位置，如图 6-198 所示。

图 6-197　导入边框素材并拖曳到时间线上

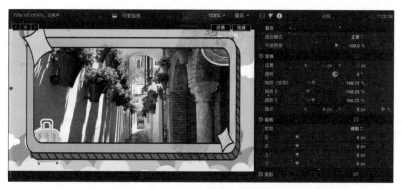

图 6-198　缩放边框效果

（5）将光标分别移动到手提箱和帽子时间线上，按下鼠标左键向上拖曳到边框时间线上，效果如图 6-199 所示。单击"播放"按钮，预览短视频的效果，如图 6-200 所示。

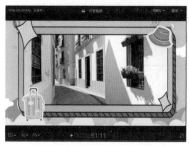

图 6-199　调整时间线顺序

图 6-200　预览短视频效果

步骤3：添加背景音乐和字幕

（1）将"绝句.mp3"文件导入到"浏览器"面板中，并将其拖曳到最底端的时间线上，如图6-201所示。拖曳右侧边界，使其与视频长度相同，如图6-202所示。

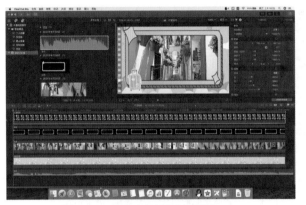

图6-201 导入音频并拖入时间线

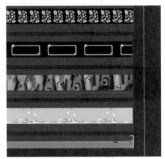

图6-202 拖曳调整音频长度

（2）双击时间线上的音频，将光标移动到右侧的锚点上，按下鼠标左键向左侧拖曳，制作音频的淡出效果，如图6-203所示。双击时间线上的音频，退出音频编辑，向上拖曳音频上的横线，调大音频的音量，如图6-204所示。

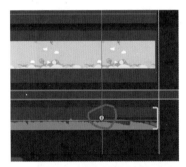

图6-203 制作音频淡出效果

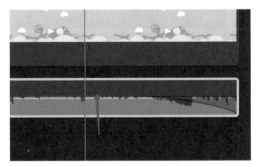

图6-204 调整音频音量

（3）单击"监视器"面板右上角的"显示"选项，在弹出的下拉菜单中选择"显示字幕/操作安全区"选项，如图6-205所示。将字幕/操作安全区显示出来，如图6-206所示。

图6-205 选择菜单选项

图6-206 显示字幕/操作安全区

（4）执行"编辑→连接字幕→基本字幕"命令或按快捷键 Control+T，在画面中插入基本字幕，字幕时间线出现在所有时间线顶部，如图 6-207 所示。画面中的字幕效果如图 6-208 所示。

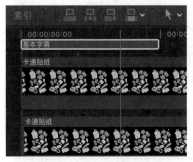

图 6-207　基本字幕时间线　　　　　　　　　　　图 6-208　字幕在画面中的效果

（5）在右侧"检查器"面板中修改字幕在 Y 轴上的参数，如图 6-209 所示。字幕在画面中的位置如图 6-210 所示。

图 6-209　设置字幕的参数　　　　　　　　　　　图 6-210　字幕在画面中的位置

（6）在右侧"检查器"中修改字幕的内容，如图 6-211 所示。在时间线上将字幕拖曳到音频对应的位置并拖曳调整字幕的长度，如图 6-212 所示。

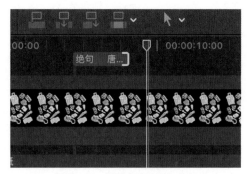

图 6-211　修改字幕内容　　　　　　　　　　　图 6-212　调整字幕位置和长度

（7）选中字幕，执行"编辑→拷贝"命令，再执行"编辑→粘贴"命令，复制粘贴字幕，如图 6-213 所示。修改字幕文本并调整位置和长度，效果如图 6-214 所示。

 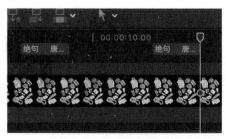

图 6-213　复制粘贴字幕　　　　　　　　　图 6-214　修改后字幕效果

（8）继续复制粘贴字幕并修改文本、位置和长度，完成字幕的制作，时间线效果如图 6-215 所示。

图 6-215　完成字幕的时间线效果

6.3　本章小结

　　本章主要讲解了两款 PC 端视频后期剪辑软件的基本使用方法，包括 Adobe 公司的 Premiere 和苹果公司的 Final Cut Pro X，这两款都是功能全面的专业视频剪辑软件。完成本章内容的学习之后，要能够掌握这两个视频后期剪辑软件的基本使用方法，并能够使用这两款软件进行短视频的后期剪辑处理操作。

第7章 直播与制作

网络直播，能够让观众随着直播的镜头进入另一个空间，往往是观众之前从来没能进入的空间。直播的镜头，因为没有经过精心的剪辑，也没有特意进行的二次修改，所呈现出来的是"更真实"的一面。通过网络直播这个虚拟的窗口，用户可能会窥视到更真实的世界，这是网络直播的魅力所在，也是近年来其产业呈现爆发式增长、站在风口上的原因。

本章将向读者介绍有关直播的相关知识，包括直播的概念、直播营销的特点和存在的问题、直播营销策略、直播前的准备工作、直播间视觉设计和直播间灯光设计等相关内容，使读者能够对直播与直播间设计有更深入的认识和理解。

7.1 直播概念的兴起

以微博、微信为代表的新媒体出现以后，传播方式发生了极大的改变，受众由最初的单方面接收信息转变为双向沟通。这种新的传播方式的出现，拉近了人与人之间的距离，让通信变得更加方便。同时，网络直播平台的出现，更增加了互动性。由于在网络直播平台受众可以直接向主播提问，主播即时回答，使传播者与受众相互影响、相互融合，建立了一种全新的互动式传播方式。

7.1.1 直播平台的概念

网络直播平台，广义上可以分为视频直播、文字直播、语音直播平台，随着移动互联网和网络直播的发展，大多数情况下是指视频直播平台。网络直播平台的本质是用户生产内容（UGC），其通过主播直播娱乐、商业内容，辅之弹幕系统沟通，实现和观众实时双向交流，是一种新载体上的新模式。

目前，我国有多家在线直播平台，观看网络直播的人数也在日益增长。例如淘宝直播平台，属于典型的电子商务直播平台，与其他网络直播平台相比，更具有营销特征。图 7-1 所示为电商平台的直播截图。

图 7-1 电商平台直播截图

网络直播平台最早起源于 20 世纪 90 年代末的社交类视频直播间，2000 年之后，由于游戏产业的兴起引发网络直播游戏的热潮，进而促进了平台自身的发展。目前，无论是游戏、达人才艺表演、教做饭、汽车评测、新闻发布会、网络购物，几乎所有的内容都可以在直播平台上找到踪影。

7.1.2　直播电商的兴起

电商一直以来都有两个痛点。第一，真实性存疑。传统的静态图片、视频展示可以后期加工而缺乏真实性，不利于用户的购物决策。如买衣服、买化妆品，用户需要更全面地了解才能决定。直播电商的出现则确保你看到的视频未经"修图"，保证了它的真实性；同时，通过主播们的讲解示范、回答问题这类互动形式，解决了"讲解"这个导购问题。第二，电商互动性差。由于消费水平升级，人们已经不满足于"物美价廉"，而是越来越看重购物的乐趣，购物已经成为一种社交行为和生活方式，在购物之后往往会聚餐、看电影。直播是即时互动的，可以向主播提问，还可以跟看直播的人一起通过弹幕等方式交流，所以直播电商增加了一些社交属性。

对商家来说，直播的好处是显而易见的。通过直播，能够召集一定数量的潜在用户一起观看商品讲解，售前服务从"一对一"到"一对多"，减轻了售前咨询的负担；直播有叫卖和促销效果，在吸引关注的同时可提高销售效率；通过聚集人气营造团购氛围，提高转化效率。某电商直播平台负责人表示，在直播平台上，有些大学生主播月收入轻松过万，以前店铺升级之路比较漫长，现在有些美妆主播从零开始做到钻级店铺只需一个半月。电商分为两大类：第一类是直营电商，境内外商品由电商自己采购；第二类是开放平台，卖家在平台上面入驻开店。目前电商直播的主要成本在带宽成本和人力成本上，而直播对开放平台电商更有优势，成本相对直营会低很多。

7.2　直播营销的特点和问题

电商直播是近几年火爆的产品营销方向。电商平台利用自身平台和流量优势，为商家提供直播渠道，直播内容基本都是介绍和卖卖折扣商品、宣传品牌，赢利模式也从刷礼物变成了卖东西，如"京东 618 生鲜节"直播、"双 11 购物狂欢节"直播，其代表为天猫、淘宝、京东等头部电商平台的直播。

7.2.1　直播营销的特点

电商网络直播营销增加了传统电商的真实性，图片和售后评价已经不能满足用户对品牌的考量，真实性和对产品本身的探知是促使"网络直播＋电商"模式迅速发展的原因。这种产品、服务的展示形式更加立体、生动、真实，与其他的海报或产品宣传片形式相比，网络直播的形式更加简单直接，是最接近真实的一种表达方式，能够推动品牌从产品引导购买转向内容消费。

例如，天猫与映客达成独家战略合作，映客为天猫组织 50 场直播，并分享 50 亿天猫红包，其中比较有代表性的活动是"双 11 全球狂欢节最红主播等你来狂欢"，很多用户关注了"双 11"活动或品牌，很多映客平台的直播达人直接化身导购，使"双 11"节日氛围异常浓厚，带来大量流量。网络直播平台已经成为各大电商平台获取流量的入口。

网络直播活动不只是一个品牌的狂欢，还可以开启"品牌＋品牌"的战略合作模式，使营销活动规模扩大化，实现营销效果的最大化。网络直播营销不仅是一种创新的营销方式，它以全新的方式颠覆着电商行业的发展形态。对于网络直播营销来说，其特点有以下几个方面。

1. 跨时空性

网络直播拉近了人们之间的距离，从最早的贴吧论坛到博客、微博、微信，再到今天的网络直播，网络媒体带给人们最大的震撼就是不断突破时空的界限，传播速度越来越快，传播手段越来越多样化、可视化，形式越来越丰富，更能跨越时空的障碍，实现实时在线展示。尤其是无线网络技术突飞猛进的发展，使高质量、高清晰度的视频信号传播成为可能，时空适应性更强，极大地满足了用户随时随地接收信息的需求。

2. 互动性

电商网络直播用户可以发弹幕，可以转发评论，与"主播"直接沟通。这一形式能有效地解决用户的疑问，增加下单量，减少退换量。网络直播的互动具有真实性、立体性，参与感被发挥到了极致。网络直播营销突破了传统大众媒介的单向式传播，使实时的双向互动传播成为可能。网络直播不仅使用户与用户之间的平等沟通交流成为可能。还搭建了传播者与接收者信息的实时双向流动。文字、图片虽然也能传递信息，但是这种信息是单调的、缺乏力度的，相比语言更难理解。网络直播可以实现信息的同步，全方位展示活动场景，增强用户的场景融入感和身临其境感，提升用户的参与度，活跃用户的积极性，增加用户的购物冲动。同时，用户通过观看直播能够有效提升对品牌和产品的认知，提高对商品和商家的信任度，最终实现品牌营销的目的。

3. 精准性

随着移动互联网和智能手机的普及，随播随走的网络直播模式被大范围推广开来，网络直播的内容形象、立体、生动，用户理解、进入的门槛低，使网络直播迅速积聚了大批用户。以电商直播平台——淘宝直播为例，用户逛淘宝的目的在于购物，人们会带着不同的采购目标进行搜索，会自动选择观看某一项直播，其选择与其目的性是相吻合的，这就使直播营销具有高度的精准性。

4. 共鸣性

内容的表现形式从文字、图片、视频到网络直播，其表达的感染力不断增强。与其他媒体平台相比，网络直播更能激发用户的情绪，更能使用户沉浸在传播的内容中，这种体验感可以加强用户对企业和产品或服务的印象，并在这种情绪的带动下不自觉地产生购买行为。在互联网环境中，碎片化、去中心化使人们的情感交流越来越少，人们渴望沟通却又怯于表达，而网络直播能够把一批志趣相同的人聚集起来，凭借共同的爱好，使情感达到高度的统一和共鸣。在这种氛围下，如果给予品牌营销活动适当地引导和激励，实现营销目标的概率一定会很大。

5. 即时性

提起即时性，我们都会想到社会上的重点突发事件。随着手机和移动互联网的普及，直播已经成为这些事件随时、随地发布的一种表达方式。那么直播的即时性能够解决企业的哪些问题呢？

我们都知道类似苹果、小米、OPPO 等企业的新品发布活动，还有在其等办的跨年演讲、特许经营的招商会时，企业在前期都会花费很大的人力、物力来宣传造势，给大家制造期待感（悬念）。然后把企业的用户以直播的形式聚集在一起，通过现场的渲染，打造爆点、燃点来引起现场及直播观众的共鸣。用户期待的这一时刻就具有即时性，打造成功的直播营销就成为可能。

7.2.2 直播营销存在的问题

目前，直播平台虽然在我国的发展态势良好，但整个行业尚未成熟，仍然存在不少问题。

从大环境来看，科技巨头争相注入巨额资金给直播行业带来了泡沫性繁荣，各平台数据频频造假，且屡禁不止。另外，作为一个新兴行业，在线直播平台的运作在法律方面还不够完善，同时营销模式相对单一和品牌意识的缺乏也使得网络直播营销存在较大的问题。

1. 营销模式有待丰富

网络直播平台的竞争性非常大，网络直播的竞争性也非常大。各主播都在人们上网时间最集中的时间段开通直播，使直播的内容繁多，人们的注意力很容易被分散；同时，用户选择不同直播内容的成本非常低，只要轻轻滑动就可以切换，这些都造成了很多直播账号都很难积聚大量用户。实践证明，只有优质的内容才能吸引用户的关注度，获得持续关注。所以，应围绕产品或服务的特性和优势精心筹划内容，保持内容与企业文化和形象相一致，避免哗众取宠、华而不实的价值导向扭曲品牌形象。网络直播营销不同于其他营销，从本质上来说，网络直播营销是一种用户主动选择的行为，而非强硬掠夺用户的注意力。这种主动亲近、自发互动的方式更需要品牌方投入更多的思考，推出用户喜欢的传播内容和活动形式。

无论是通过情感的渲染还是借助娱乐手法的传递，都需要高质量的内容作为基础和依托。高质量的内容不仅具有较高的传播价值，还能够引发用户深层次的思考和想象，引发情感共鸣。只有这样，才能让用户自发认可品牌的形象和价值，并愿意作为传播者去帮助品牌进行二次传播。网络直播只是一个传播的手段，传播内容才是根本。现在很多品牌看到网络直播红利，便纷纷涌进，但却缺乏有效的思考和沉淀，单纯地模仿他人，或者搬用简单粗暴的传统"电视购物"形式，这样不仅对品牌传播无益，无法持续吸引用户的注意力，还有可能使品牌形象受到损害。

2. 缺乏深度融合

电商网络直播营销具有跨时空性，一场成功的直播营销能轻松获得千万级的关注，销售转化率惊人。但是在看到电商网络直播成功案例的同时，也要注意到许多不成功的案例，例如在品牌营销过程中，并没有把网络直播形式与品牌巧妙地结合起来。网络直播脱胎于秀场模式，不乏带有秀场模式的基因，如果单纯地认为网络直播营销只是主播与用户聊聊天、唱唱歌，或者只是对活动现场的情景实时再现，就可以获得很好的传播效果和转化率，是不太现实的。

很多网络直播营销活动邀请明星大咖参与，但只是直播他们在化妆间、参与活动现场的场面等，这种网络直播缺乏自我品牌的塑造力。没有好的营销策划方案，没有考虑到如何与用户深入沟通，没有实现品牌的差异化展示，即使邀请了最红的明星也只徒增品牌营销的成本，并没有形成用户对品牌的辨识度；尤其是内容的同质化，导致了企业的品牌个性特色不突出。

3. 难以持续关注

直播营销相比微博、微信营销，占用用户的时间较长。微博文字、图片内容简短，浏览只需几秒。同样，微信占用的时间也相对较短，并且用户在看微信时可以自主选择跳过一些内容。但是，直播营销所占用的用户的时间较长，用户稍不留神就会忽略一些信息；最主要的是用户难以预测主要内容及重点内容在什么时间播出，用户需要持久的注意力，但是这一点很难做到。另外，用户选择直播间的成本很低，因此网络直播营销的用户忠诚度也较低。

大多数用户选择观看微信、微博、直播的原因都是为了打发时间，难以进行长时间关注。一旦网络直播的内容不太符合用户的审美需求，就有可能失去一大批用户。所以，网络直播营销的用户黏性很低。因此，网络直播内容质量一定要高，所邀请的明星要有足够影响力，值得用户期待。同时，要与用户进行深层互动，让其全身心融入直播活动中，并自发为其传播，这些是网络直播营销的关键因素。因此，网络直播营销的成功与否关键在于用户的黏性大小。只有获得用户的认可，才能将营销效果成功转化，实现品牌营销的目的。

4. 主播素质偏低

根据新浪微博对直播行业的调查显示，女性主播数量明显高于男性，"95后""90后"是主力。观看网络直播的用户也以"90后"人群为主，男性高于女性。偏低的年龄群体，对自身的管控和约束力还不够，很容易引发内容的不可控。并且由于目前法律法规和监管不到位，使得迅速发展的网络直播行业存在许多问题，如涉黄丑闻、道德丑闻等。另外，一部分主播的文化素养与品质令受众难以接受。在直播市场，主播薪水成倍增长，巨额金钱导致许多主播自我膨胀，丑闻事件在所难免。这些现象都为品牌营销带来难以估量的影响，甚至会对网络直播风气造成极其恶劣的影响。因此，各大直播平台需要发掘素质较好又有人气的主播。

小贴士： 直播行业炙手可热，是互联网经济的风口，为了避免野蛮生长，为行业健康和长远发展护航，国家相继出台了多部法律法规范直播行业。

2020 年 5 月 18 日，由中国商业联合会媒体购物专业委员会牵头起草制定了行业内首部全国性社团标准《视频直播购物运营和服务基本规范》；2020 年 6 月 24 日，中国广告协会发布了《网络直播营销行为规范》；2020 年 11 月 6 日，国家市场监督管理总局印发了《关于加强网络直播营销活动监管的指导意见》。

7.3 直播营销策略

网络直播能够有效地帮助商品或者品牌信息进行广泛传播。相对传统的营销方式，网络直播是一个成本低廉的营销渠道，它把生产、传播、销售和反馈这几大流程融于一体。目前，企业看到了网络直播平台的优势，纷纷加入直播营销的队伍。但是，网络直播营销需要创意、方向，盲目跟风难以形成好的营销效果。只有优质的内容并且与其他渠道配合联动才能达到良好的营销效果。

7.3.1 坚持内容为王

直播平台的竞争取决于内容。网络直播的发展并不一定依靠"网红"，"内容为王"方为上策，特别是电商网络直播，商品的质量和款式要符合大众的期望。因此，"内容为王"将成为网络直播发展的方向及行业准则，这是网络直播发展所需，也是公众审美所需。由于优质内容资源不足导致互相抄袭、恶性竞争等直播乱象丛生，使网络直播行业仍需要逐步发展完善。

2016 年，各大直播平台开始进行多元化优质内容的探索。各个平台通过定制 PGC（专业生产内容）为观众提供深度直播内容；鼓励个人和群体 UGC（用户原创内容）行为，满足不同的用户需求。另外，作为直播平台，应该主动寻找和接触潜在合作方，为内容制作者提供更多的可能，使主播和用户的忠诚度得到进一步提升。直播平台得以发展的契机在于让内容接受者同时成为内容制造者，与其他受众分享相关内容。所以，立足于内容本身，持续为观众寻找内容爆点，是平台发展的关键因素。在这一过程中，平台、主播、观众应该有机地结合起来，只有这样，才能够建立起良好的平台内容生态。

讲故事是品牌直播非常重要的基础。纽约广告研究机构和美国广告代理协会通过 3 年的实地调查发现，相比于强调产品属性，会讲故事的品牌广告效果会更好。一个好的故事需要有好的故事主题和故事内容，故事主题就是定位，而好的故事内容则包括真实、情感、共识和承诺 4 个要素。真实而不做作，故事才能吸引人。真实的故事、真实的场景能引起受众的共识，能让受众感受到故事传达的真切情感，感受到对未来需求承诺的真实。因而，在直播中，内容不仅仅是"秀"，更重要的是"讲"，如何在直播中以故事的形式讲述品牌、凝结品牌与观众之间的关系，变得很重要。

7.3.2 定位准确，选择合适的主播

主播能帮助用户更好地理解商品或者品牌。不同类型的商品，如化妆品、服饰等都需要用户通过直观感受而作出选择。因此，确定目标群体、明确品牌定位是进行品牌传播的首要任务。只有明确定位后，才能结合品牌调性选择合适的直播平台和主播。

在选择主播时需要考虑明星和草根直播的优缺点。明星具有强大的粉丝效应，市场效应非常明显，在明星直播瞬间，用户拉升作用非常强。但明星难以长期担任主播，属于市场行为而不是内容行为。因此，不能仅通过明星来进行直播营销，需要考虑能够长期进行持续营销活动的草根主播。对于直播来说，草根和明星是两种不同的资源。最终能真正撑起直播营销的，是可以每天数小时进行直播的草根素人，而不是偶尔直播一次的明星。

每个直播平台和网络主播都有自己的特点和调性，这就决定了不同的平台和主播自身所具有的不同的粉丝群体。品牌所有者在选择平台和主播进行营销时，首先要根据自己产品的定位和目标群体来筛选粉丝群。另外，主播是一种个性化的外现，在直播过程中经常看到观众表示：喜欢主播的饰品风格、喜欢主播的衣服等。可见，主播在粉丝中充当了潮流导引和模仿的对象。因此，需要根据商品或品牌的定位选择合适的主播进行营销活动，以达到营销效果的最大化。

7.3.3　构建传播品牌社群

主播利用自己独特的内容和魅力吸引粉丝，由粉丝组成兴趣群体；主播制定规则形成社群，通过线上直播和线下活动经营社群，培养社群自组织能力；以内容精良的节目吸引观众，构建社群，维护好主播与观众的关系，培养稳定的粉丝群体，充分利用粉丝群体的自组织力量来管理直播信息的传播；这些对于品牌构建与品牌传播具有积极影响。同时，还可以收集粉丝社群的反馈信息，利用大数据技术进行分析，根据分析结果对品牌进行个性化设计、改进。现阶段，用户对个性化产品和服务的需求越来越高，不再满足于被动地接受企业的操纵，而是主动地参与产品的设计与制造。此举不仅能提升用户的满意度，还可以应对市场的不断变化，并进行较为准确的市场预测。

7.3.4　坚持整合营销

品牌传播活动并非一种单一的、孤立的活动形式，需要将各种营销活动整合起来。品牌传播是整体的系列活动，需要一定的连续性和持续性。商品或品牌营销活动需要将多种传播手段和传播形式加以整合利用，为商品或品牌传递出共同的产品和服务的信息以及品牌形象和企业文化。这是增强与用户的良性互动，提升用户品牌认知的有效手段，同时也是建立和维护用户与品牌之间密切关系、增强用户黏性的秘密武器，有助于品牌营销目标的实现。随着网络传播技术手段的发展和网络媒体的普及，整合营销理论在新媒体环境中表现出新的发展状态。网络直播打破了时空的界限，使其传播的内容能迅速扩散，使与用户互动的方式有了新的进展，加深了品牌与用户的互动。因此，网络整合营销理论需要通过线上多种形式的整合和线上线下的共同整合。

1. 线上多种营销方式的整合

从实质上来说，整合营销传播就是将病毒营销、事件营销、互动营销、口碑营销、社群营销等多种营销手段和渠道都结合在品牌营销传播和市场推广中。在多年的网络营销发展过程中，品牌传播从产品至上、形象至上、定位至上，到现在的用户至上，逐步成熟，走出了定位、创意、精准的路线，形成了各种营销手段相结合的局面，促成了网络营销的盛况，推动了网络整合营销传播的成熟期的到来。

微博作为网络营销的重要阵地，在品牌营销过程中发挥着重要的作用。微博上讨论的体育、娱乐、新闻热点和社会焦点等话题在直播平台中也都有很高的热度。两者相互搭配，能够产生巨大的粉丝量。微博以其独特的开放性特点，成为网络直播的重要引流入口，是网络直播平台及其内容的重要传播渠道。不仅是微博，微信、贴吧等也都是网络直播营销的重要引流入口，都可以在品牌营销过程中进行有效的、有选择性的结合，延长传播时间，延展传播范围，实现传播效果的最大化。

网络直播打破了时空界限，使其传播内容迅速扩散，使与用户互动的方式有了新的进展，加深了品牌与用户的互动。它通过网络的广泛性、及时性、精准性向用户提供产品和服务的信息，加深了用户对品牌、产品和服务的认同，增强了用户的黏性。

2. 线上与线下营销整合

网络直播仅是品牌营销传播的手段和渠道，仅仅是一个信息传播的工具。它不是线上营销活动的单独作战，还需要线下活动的有效补充。因此，品牌营销的成功不仅要依托互联网的力量，还要整合好线上和线下营销活动。网络直播的品牌营销传播要想获得品效合一的最大化，就需要与线下营销活动、销售策略等整合起来，为线上的营销活动提供支持和保障。

7.4　直播准备

成功是奋斗者才享有的权利，每个行业都是一样的。

7.4.1　直播间规范

严禁直播《中华人民共和国宪法》《全国人大常委会关于维护互联网安全的决定》《互联网信息服务管理办法》《互联网网站禁止传播淫秽、色情等不良信息自律规范》所明文禁止的信息以及其他法律法规明文禁止传播的各类信息；严禁直播违反国家法律法规、侵犯他人合法权益的内容。

7.4.2　直播前的准备

准备好封面图、标题、内容简介、主打商品。

（1）封面图。内容需简明扼要，可以是主播照片或与主题相关的内容，最适宜放上主播自己的美图，不宜空置大面积白色背景图。图 7-2 所示为直播封面图效果。

图 7-2　直播封面图效果

（2）直播标题。由于直播平台对标题的可显字数不同，但大部分平台超过一定字数，后面的文字就变为"……"，所以字数应控制在 12 个字以内，内容亮点和平台浮现权益两者都不能少。图 7-3 所示为直播标题效果。

（3）内容简介。主要是本场直播的主播、粉丝福利、流程、特色场景文案及主播的自我介绍、主打商品的亮点等，需要具有较强的吸引力。

（4）主打商品。主打商品要选择性价比高的商品。图 7-4 所示为突出性价比的主打商品。

图 7-3　直播标题效果

图 7-4　突出性价比的主打商品

小贴士： 标题和封面图是粉丝第一眼看到的，因此封面图、标题、内容简介、主打商品要有统一的设计。

7.4.3　直播间注意事项

（1）直播封面。

- 必须与主播直播间真实形象保持一致，不得出现任何文字（拍照背景也不要出现文字）；
- 不得出现 Logo 或者二维码；
- 不得出现大面积黑色图；
- 不得出现拼图；
- 注意比例。

（2）直播画质。人脸要立体，能看清商品细节，光线明亮、不模糊。

（3）第一视角。主播直面观众，构图完整，最好有固定人员控场。

（4）拍摄镜头。镜头或手机不能抖动，要持续稳定，室外直播需尤其注意。

（5）背景布置。简单、明了、大气、不抢镜，采用聚焦观众注意力的环境设计。

（6）现场声音。主播声音传达清楚，不要有嘈杂声音，室外直播需尤其注意。

（7）网络信号。使用较好的网络，保持网速稳定，不卡顿（否则会影响交易），室外直播不去信号弱的地方（如电梯间、地下），大型现场要自架专线。

（8）手机端。需下载淘宝联盟和旺信等各大直播平台的 App。

（9）避免出现常见违规案例，如图 7-5 所示。

图 7-5　淘宝直播常见违规案例

7.5　直播间视觉设计

随着 5G 时代的来临，直播间竞争将会更加激烈与残酷。商家想在这场混战中站稳脚跟甚至领先，直播间装修精细化、精致化是必然趋势。直播间视觉设计的重点在于布景、画面比例、色彩和明亮度，这 4 个方面决定了整个直播间视觉的质感和高级程度。本节将向大家介绍有关直播间视觉设计的相关知识。

7.5.1　直播间装饰

靓丽有特色的直播间设计是商业直播的形象门面，下面通过多个设计维度详细解析。

1. 移步换景设计

直播间的背景设计不能单一不变，如何将背景设计做到既固定又有变化，需要充分利用背景的平面结构。设置多层来达到立体及平面变化的效果，就如苏州园林中以月为门的设计一样，借门取景，将园林景色镶嵌于月洞门之中，犹如在月盘之上绘制自然风景，反映了古人诗情画意的生活。同样可借用圆、方、菱形等形状构成前景，调换不同的背景，形成新的意境，达到不同的效果。同时，还可以利用不同色彩的窗帘与墙面的组合，设计新的背景构图等，如图 7-6 所示。

2. 大面积墙面混搭设计

如果背景墙面积较大，无论是横向还是纵向，都可以充分利用。大气的背景墙应该避免单调，可以使用 2 至 3 种不同材料来打造，比如大理石、玻璃、实木贴面、壁布等。另外，在墙面造型的设计上可以略有层次感，寥寥几笔的勾勒就能让这面墙生动起来，如图 7-7 所示。

3. 实用型墙面多做装饰柜

将墙面做成装饰柜是当下比较流行的直播间装饰手法。装饰柜可以是敞开式的，也可以是封闭式的，但体积不宜太大，否则会显得厚重而拥挤。要突出个性，甚至在装饰柜门上挂各种装饰或衣服，都是一种独特的装饰手法，如图 7-8 所示。

图 7-6　出色的直播间背景构图　　　　　　　　　图 7-7　大面积墙面混搭设计

4. 灵活搭配的纹饰面板

纹饰面板在装饰过程中应用非常广泛，将它用作直播间背景墙的人也越来越多，因为其花色品种繁多，价格经济实惠，不易与其他木质材料发生冲突，可更好地搭配，形成统一的装修风格，清洁起来也非常方便，如图 7-9 所示。

图 7-8　将背景墙做成装饰柜进行装饰　　　　　　图 7-9　使用纹饰面板作为背景装饰

5. 玻璃、金属装饰体现现代感

采用玻璃与金属材料做背景墙，能够给直播间带来很强的现代感，因此是常用的背景墙材料。虽然成本不高，但是施工难度较大，可以考虑适当地镶嵌一些金属线，效果也不错，如图 7-10 所示。

6. 多姿多彩的墙纸、壁布

走进卖场中墙纸、壁布的展示区，许多人都会被其鲜艳的色彩、漂亮的花纹深深地吸引。近年来，无论是墙纸还是壁布，加工工艺都有很大进步，不仅更加环保，还有遮盖力强的优点。用它们做背景墙，能起到很好的点缀效果，而且施工简单，更换起来也非常方便。图 7-11 所示为使用墙纸作为直播间背景的效果。

7. 艺术喷涂营造变幻的效果

油漆的色彩非常丰富，有创意的设计师可以巧妙地利用这种特性，设计出许多富有特色的直播间背景墙。油漆、艺术喷涂的原理很简单，就是在背景墙后，喷涂不同颜色的油漆形成对比，打破背景墙面的单调感。当然，色彩也不宜过于鲜艳，在搭配上一定要注意与直播产品互相协调，否则会喧宾夺主。图 7-12 所示为使用艺术喷涂作为直播间背景的效果。

图 7-10　在背景中应用金属装饰

图 7-11　在背景中应用墙纸和壁布装饰

8. 装饰品充当背景墙

如果找不到满意的直播背景墙材料，还可以在直播墙区域设置一些空间，用来摆放自己喜爱的装饰品。这样一来，不仅可以扩大选择余地，而且随时可以替换，简单却不失品位。但是要特别注意灯光的布置必须得当，用来突出局部照明的灯光不能太亮，否则可能会影响直播效果。图 7-13 所示为在直播间背景中摆放装饰品，丰富直播间背景表现效果。

图 7-12　艺术喷涂作为直播间背景

图 7-13　在直播间背景中放置装饰品

9. 绿幕背景

许多直播平台对直播间的要求是比较高的，如果直播间背景难以做到简洁的话，还可以试试直播平台所提供的虚拟背景功能。

如果想使用直播平台的虚拟背景功能，则直播的背景需要采用专业绿幕，也就是 100% 细洋纱面料，它的吸光效果很好，并能保持干净；或者使用染料，乳胶质地也能够吸收光线，不反光。

在使用绿幕作为直播间背景时，一定要注意以下几个方面。

（1）无论是哪种材料的绿幕背景，千万要避免过多褶皱，不要有暗角。

（2）照射在绿幕的灯光要均匀，否则会造成阴影，导致背景无法去除干净。

（3）主播尽量不要过于靠近绿幕，要保持一定距离，以绿幕上无影子为准。

（4）不要穿绿色、黄色、亮蓝色、半透明的衣服（比如纱裙），不要摆放绿色、黄色、亮蓝色或半透明的物品，不要佩戴和摆放反光的饰品或物品。

（5）避免人物与物品快速移动。

7.5.2　直播间风格

对于一个顾客或粉丝来说，进入主播房间第一眼看到的就是直播间的整体效果，效果是否能吸引眼球是至关重要的。因此，直播间布置的风格显得尤为重要。

简单、精致又具有风格是直播间设计的重点，尤其是没有大资金的小主播。所以如何打造既简单又精致、高端的直播间风格，是主播花样吸粉、做好直播的要素之一。

1. 直播间风格把握

直播间的风格设计，主要是看主播的人设风格及产品的风格，主播喜欢什么样的风格，直播间便可以设计、布置成什么样子（只要色彩协调即可）。直播间有欧式、现代、韩式、美式、中式等各种各样的风格。直播间细节的处理是关键，某一处角落的设计，说不定就会勾起粉丝的某一种情结。比如可以添置一些绿植或是当地特色的物件，如图 7-14 所示。

图 7-14　在直播间背景中添置适当装饰

2. 简约风格背景设计

如果直播间背景是粉刷成白色的墙，以干净、明亮、风格简洁的墙纸打造完美直播间也是一个不错的选择。选择浅色的墙纸使直播间看上去既清新又明亮，能够鲜明地突出主播的主持风格。还可根据主播的喜好选购各色墙纸，切记不要选过于个性或花哨的墙纸，否则会降低主播的气质，同时会混淆主播所介绍的产品的主题色。图 7-15 所示为简约背景的直播间设计。

图 7-15　简约背景的直播间设计

7.5.3　直播间色彩

当消费者进入直播间，色彩会先入为主地影响用户的认知，形成主观印象，重要性可见一斑。色彩的运用要为特定目标服务，不能仅凭个人好恶。

选择正确的色彩、色调，有助于直播间传递产品信息，与用户产生情感共鸣。而直播间色彩与色调的选择，需要基于产品内涵、产品定位、差异化策略以及结合时尚文化来确定。以下选色方法可供参考。

1. 色彩选择

（1）使用品牌色。

不管是基于品牌传播、市场营销角度还是视觉美学角度，用品牌色装修直播间都是最佳的选择。使用品牌色既可以巩固、提升品牌及其产品在消费者心中的形象，做到差异化营销，同时，也最能够表达直播间的产品定位和情感态度。

图 7-16 所示的直播间装修色调都是由品牌色延展而来的，容易使人产生品牌联想，通过色彩给消费者传递了优质、可信的直播间形象和认知。图 7-17 所示的直播间装修色彩选择与品牌色相差甚远，直接导致消费者对店铺的信任感降低。

图 7-16　使用品牌色作为直播间主色调　　　　图 7-17　没有使用品牌色作为直播间主色调

（2）使用商品色。

商品与直播间是一个整体，两者相辅相成。根据商品颜色结合店铺形象定位，来选择匹配的色彩统一设计，能让直播间给人以整体、协调、舒适的感觉，传达给消费者一定的正向的心理认知。

图 7-18 所示是以商品色结合店铺定位装修直播间的典型案例，左一、左二表现出了古风、和谐的形象；左三表现出甜美、平价的形象；右一表现出自然、有机的形象。

图 7-18　使用商品色作为直播间主色调

（3）使用品类色。

选择与店铺品类相符的颜色，也能够为直播间营造整体协调的氛围，且选色贴合商品类目，有利于传递商品信息和提高商品认可度。图 7-19 所示为不同品类的直播间适合的色彩选择建议。

（活动促销 / 结婚嫁娶）（食品饮料 / 户外运动）（儿童用品 / 快消品类）

（母婴亲子 / 婚恋节日）（数码电器 / 科技品类）（高端家纺 / 奢侈品类）（医疗保健 / 果蔬苗木）

图 7-19　不同品类直播间适合的色彩选择建议

嫁娶喜品 / 活动促销：选择红色。红色热情，刺激性强，是我国传统的喜庆色彩。适用于嫁娶喜品、珠宝配饰、美容化妆品和活动促销等。

食品饮料 / 户外活动：选择橙色。橙色温暖，有健康、活力、勇敢、自由等象征意义。橙色和很多食物颜色相似，最易引起食欲，所以适用于食品、家居、运动时尚、儿童玩具等品类。

儿童用品 / 快消品类：选择黄色。黄色娇嫩，给人明亮、灿烂、愉快、柔和的印象，也易引起味觉条件反射，适用于儿童用品、食品快消、艺术类的直播间装修。

母婴亲子 / 婚恋节日：粉红粉蓝。粉红粉蓝温柔纯净，给人安全温馨、柔和舒缓、甜蜜幸福的感觉。适合母婴亲子、婚恋品类。

数码电器 / 科技品类：选择蓝色。蓝色理智，给人清新、舒畅、沉稳、信任的感觉，同时还能表现出和平、淡雅、洁净、可靠的内涵，适用于数码电器、科技类品类。

珠宝配饰 / 高端家纺：选择紫色。紫色给人优雅、高贵、神秘的感觉，适用于婚恋用品、珠宝配饰、高端家纺、奢侈品类。

医疗保健 / 果蔬苗木：蓝绿色。湖蓝和绿色给人平静、安全、新鲜、自然的感觉，适合医疗保健、果蔬苗木品类。

（4）使用活动色。

直播间装修颜色除了商品本身因素之外，还应该根据季节、节日、活动主题及时更换，既可以增添节日氛围，助力营销，又可以避免用户视觉疲劳，增添新意。

例如春节和元宵节选择红色系，热闹喜庆。情人节和女王节选择玫粉色、玫紫色，温柔浪漫、高贵典雅。清明节、端午节、开学季选择绿色、青色，清新活力，充满生命力和希望。中秋节和重阳节选择黄色、金色，是秋季的颜色，象征着温暖和丰收。圣诞节选择绿色、红色、金色，蕴含着欢乐美好的精神内核。

图 7-20 所示以活动色作为搭配的直播间设计案例，左一使用玫紫色搭配，表现出女王节氛围；左二使用墨绿色搭配表现初春氛围；右侧使用红色与绿色搭配，表现出圣诞节氛围。

2. 色调的选择

色调选择取决于商品的内涵，以及直播间想要给观众传达怎样的感受和认知，它决定了直播间的整体风格，选择和布控也需要遵循整体协调匹配的基本原则。图 7-21 所示为 PCCS（Practical Color Co-ordinate System）色调示意图。

图 7-20 使用活动色进行直播间配色设计

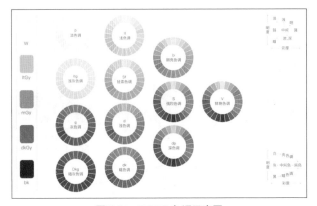

图 7-21 PCCS 色调示意图

根据 PCCS 色调示意图对色调的定义，色调选择与商品品类的建议如下。

母婴 / 婚恋 / 个护品类：适合淡色调和浅色调。温柔梦幻，轻盈柔和。

儿童用品 / 食品饮料 / 厨具 / 医疗：适合亮色调和纯色调。轻快活泼，明亮干净。

床品家纺 / 内衣品类：适合浅灰色调、柔色调。温柔纯净，安全温馨。

高端轻奢 / 男装 / 数码：适合灰色调、浊色调、暗色调。沉稳大气，低调内涵。

图 7-22 所示的直播间设计案例，从左至右依次为浅色调、亮纯色调、轻柔色调和暗灰色调。

图 7-22 不同色调的直播间设计

小贴士：　了解色彩色调的性格特点，充分利用以装修直播间，能做到不言而喻的传达意义和彰显态度，进而影响用户的感受和行为。

3. 如何搭配好直播间色彩

消费者在观看一个配色舒适的直播间时，会觉得是视觉享受，停留时间更长，成交概率更大。一个高质量的直播间装修配色设计，前景如直播间贴片、广告，中景如主播、商品、设备，背景如背景墙布置等，所有会呈现给用户的物体都应纳入考量范围，精心配色。

图 7-23 所示为某品牌化妆品直播间设计，其在日常、小型促销、大型促销活动等不同时期配色也不相同，但单一时期直播间贴片、商品、主播着装、背景墙点缀颜色都高度一致，采用明亮浅色作为背景色，使文字、主播和商品信息突出，阅读性强，感官体验清新愉悦，这就属于高质量直播间装修配色。

图 7-23　某品牌化妆品不同时期的直播间设计

要做到合理配色，有以下 3 个方面需要注意。

（1）颜色控制在 3 种以内。

直播间颜色尽量控制在 3 种色相以内，超过 3 种易使人眼花缭乱，视觉神经的过度刺激会导致人心烦意乱，无法长时间观看，同时直播主题也难以突显，失去主次。

（2）有明确的主色和配色。

主色确定后，辅助色、点缀色都会围绕主色来选择和搭配，有助于建立更美观恰当的直播间形象。常用的色彩搭配黄金法则为 6∶3∶1，即在一个界面中主色占 60%、辅助色占 30%、点缀色或强调色占 10%。主色渲染氛围，辅助色平衡画面、衬托主色，点缀色则是用来提升设计层次、画龙点睛。

图 7-24 所示的直播间设计，红色为主色，渲染活动氛围，白灰色为辅助色，平衡中和画面，衬托主色；蓝色、金色为点缀色，应用于前景贴片上，画龙点睛，吸引注意力。

（3）整体协调，局部对比。

直播间装修色彩搭配需要做到整体协调，在整体协调的基础上可以设计局部对比。前者让整体界面稳定舒适、和谐统一，后者可以使界面重点突出，丰富耐看、生动活泼。常见的对比有：深色和浅色对比搭配、冷色与暖色的对比搭配、有彩色与无彩色的对比搭配。

图 7-25 所示的直播间设计，采用深色背景与浅色服装的对比，并且还采用了有彩色与无彩色的搭配；图 7-26 所示的直播间设计，既有深浅对比也有冷暖对比。

色彩是一种无声而又有效的沟通手段，能够很自然地影响消费者的心理和行为，正确恰当地使用色彩可以帮助商家提高直播间的竞争力。强调直播间用色考虑和谐统一、舒适美观之外，还应明确战术性目标和考虑差异性特色。因此，商家需要系统地分析自己的商品定位和目标受众的心理喜好，找到适合自己且用户乐见的色彩，有意识地延续下去，积累信任和好感。

图 7-24　明确的主色与配色设计　　图 7-25　对比配色设计　　图 7-26　对比配色设计

7.6　直播间灯光设计

直播间灯光照明与摄像有着密切的关系（即画面中的场景、人物、色彩还原准确和逼真，且三维效果显著）。照明技术的好坏是高质量直播的关键。直播间灯光的影响因素包括主光源与辅光源、背光源与轮廓光，以及装饰光的位置、角度和强度等，这些对直播画面都将产生很大的影响。商业直播按照直播地点划分，可以分为室内直播和室外直播，灯光设计对室内直播间尤其重要。在网络直播间的环境布置中，除了对直播间的背景、物品摆放有要求外，直播间灯光的设置也是重要因素。有的网络直播新人对此没有认识，单纯地认为随意找个房间，打开日光灯直播就行了，但是在网友进入她的直播间后，在日光灯的照射下，会暴露主播面部的某些缺陷，降低美感，缺乏对顾客的吸引力。

7.6.1　灯光主体规划设计

灯光最主要的目的是达到通亮，特别是服饰类的商家更要注意这点。注意衣服的色差很重要，色差过大是非常致命的。因此，灯光不要有过多色温，做到通亮即可，这样会减少色差，要把货品的质感和真实度通过直播的方式展示给粉丝。

灯光除了通亮还需做到无影，有影就说明灯光打得不均匀，这会出现一些情况。比如上身亮下身不亮，或者是上下身灯光不协调。在做直播前，一定要多调试灯光，把灯光调整到最佳的状态，这样就能够很好地提升用户的在线体验。还要注意整个直播间的画面结构，在摄像机摆位的时候要充分考虑主播不同站位所产生的画面，让画面结构尽可能接近黄金比例，这也能够让粉丝把看直播的重点放在货品以及促销活动上。

为了区分拍摄主体人物和灯光的位置，以及摄像机的位置。我们把主体人物、灯光及摄像机位置用钟表表盘作形象化说明。主体人物位于表盘的中心位置，摄像机放在中心位置的正前方位置，即 6 点钟的位置。通常作为主光源的灯应布置在稍微靠近摄像机的一侧，即在摄像机左侧七八点钟的位置或右侧四五点钟的位置之间，然后将主光源升高到高于主体人物 30° 至 40° 的位置，这一位置将在面部产生少量的阴影，使主体人物更具立体感。主光源高度要足够高，使它高于主体视平线，但又不宜过高，过高会使眼睛下方产生较多的阴影。直播间主播上方可以安装顶灯，一般有日字形、十字形、丰字形顶灯，光线要明亮，最好选择现在流行的 LED 灯，其具有光线明亮、瓦数小、节能的优点（48 瓦以上）。通过柔光灯和顶灯的搭配，能让主播充分展示自己的美感，在通亮的灯光下，加上主播们漂亮的妆容、得体的衣服、精心布置的背景，会在很大程度上吸引粉丝的关注，让粉丝一进直播间就会赞叹不已。由此可见，直播间的灯光设置一定不能忽视。图 7-27 所示为直播间主体灯光的设置。

7.6.2　灯箱补光照射

如果直播间光线较暗，或是因为装修导致室内光线不充足，这个时候用柔光灯箱就能解决问题，如图 7-28 所示。

图 7-27　直播间主体灯光的设置

图 7-28　柔光灯箱

柔光灯箱一般用于摄影工作室。主播在开播时一般也会用这个补光，因为柔光灯箱照射出来的灯光是白色的，而且光线不会溢出，不会像台灯那样刺眼，更不会造成镜头曝光，照射在人脸上自然柔和。主播们在进行直播时，一般都需要安静的环境，所以直播间都会将房间或场地密闭起来，这样灯光就会比较暗，尤其晚上更是如此。这时如果增加一个柔光双灯组合来补光（通常包含 2 个柔光罩，2 个柔光灯箱，2 个 LED 灯和 2 个灯架），主播在直播时，就能极大地改善自己的肤色，显得更加靓丽。这里要注意的是，柔光灯组合需放在人两边较远的地方，不要在镜头中显露出来。

7.6.3　光源类别

直播间灯光的布置可以很好地促成商品成交，并且会给店铺带来很多自然流量。为了取得良好的拍摄效果，灯光的选择是一个不可忽视的因素。直播间常用的灯光有：主光、辅助光、背光、顶光和背景光，如图 7-29 所示。直播间场地一般都不会太大，采用不同的灯光组合将产生不同的效果。

1. 主光

直播间的主要光源，承担着主要照明的作用，可以使主播脸部受光匀称，是灯光美颜的第一步。

摆放位置：放置在主播的正面，与摄像头镜头光轴成 0°～15°夹角。

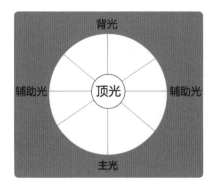

图 7-29　直播间常用灯光示意图

呈现效果：从这个方向照射的光充足均匀，使主播脸部柔和，达到磨皮和美白的效果。

缺点：从正面照射，主播脸上会没有阴影，画面看上去十分呆板，缺乏立体层次感。

关于主光源的使用，建议使用球形灯，因为球形灯打出来的光最柔。而且建议使用显色度 96% 以上的球形灯，且把球形灯放置于主播的前、中、后，不建议使用环形灯和摄影灯。图 7-30 所示为直播间中主光的照射示意图。

2. 辅助光

辅助主光的灯光，能增加整体立体感，起到突出侧面轮廓的作用。

摆放位置：从主播左右侧面 90°照射，左前方 45°打辅助光可以使面部轮廓产生阴影，打造脸部立体感。右后方 45°打辅助光可以使面部偏后侧轮廓被打亮，与前侧的光产生强烈反差。

呈现效果：制造面部轮廓阴影，塑造主播整体造型的立体感。

缺点：光照的亮比调节，避免光线太亮使面部出现过度曝光和部分过暗的情况。

辅助光主要是用来增强立体感，起到突出侧面轮廓的作用。使用辅助光的时候要注意避免光线太暗或太亮的情况，光度不能强于主光，不能干扰主光正常的光线效果，而且不能产生光线投影。图 7-31 所示为直播间中辅助光的照射示意图。

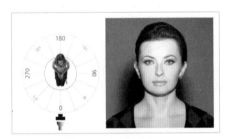

图 7-30　主光照射示意图

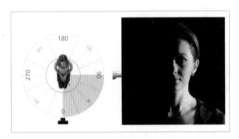

图 7-31　辅助光照射示意图

3. 背光

背光也称为轮廓光或逆光，光源从主播背后照射而来，能给主播画面加强气氛，获得戏剧性效果。

摆放位置：主播身后。

呈现效果：从背景照射出的光线可以使主播轮廓分明，将主播从直播间中分离出来，突出主体。

缺点：主播脸部阴影部分会失去层次细节，摄像头会产生耀光情况，也会降低主播画面的反差。图 7-32 所示为直播间中背光的照射示意图。

4. 顶光

顶光是次于主光的光源，从头顶位置照射，给背景和地面增加照明，同时加强瘦脸效果。

摆放位置：从主播上方照下来的光线。

呈现效果：照射光线充足，能突出鲜艳的色彩，有利于轮廓造型的塑造，起到瘦脸的作用。

缺点：容易在眼睛和鼻子下方形成阴影，需要有补光灯。

顶光位置离主播位置最好不要超过两米。预算充足的直播商家，还可搭配背景光（消除背部阴影）、轮廓光（聚光灯，确保肩膀处有灯光）、主光和面光（确保人物形象饱，满画质更清晰）。此外，顶光的悬挂系统还可以最大化地利用场地，人物走动也不受影响，轨道和灯具均可滑动，时刻保持主播的灯光充足。图 7-33 所示为直播间中顶光的照射示意图。

5. 背景光

背景光又称为环境光，主要作为背景照明，使直播间的各点照度都尽可能地统一，起到让室内光线均匀的作用。但需要注意的是，背景光的设置要尽可能地简单，切忌喧宾夺主。最好是在直播间顶部布满。有些直播间也使用吊灯，虽然比较夸张，但可以增强高级感和场景感。背景光还可以使主播美颜的同时保留直播间的完美背景。一般采取低光亮、多光源的布置方法。

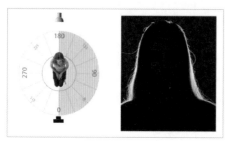

图 7-32 背光照射示意图　　　　　　　　图 7-33 顶光照射示意图

小贴士：　各类灯光设计及配置是一个直播间必不可少的要素，每种灯光都各有其优缺点，配合使用可以取长补短。调光的过程比较长，需要耐心细致，找到适合自己的灯光效果。

7.6.4　主播镜头与灯光

灯光可以制造气氛和风格，灯光涉及的因素很多，光源、光照角度、亮度、色温这些特征的不同组合都会产生不同的效果和作用。

娱乐主播灯光设置要比商业主播的灯光设置要求更高，需注意以下几点。

首先主播的身体要正对着镜头，如果受场地环境限制，也可稍微侧身，但不要太离谱，太过于侧身，不利于和粉丝的互动，也显得不那么尊重粉丝，身体占视频画面的一半为宜。

其次脸部占画面的四分之一或五分之一为佳。太靠近摄像头会显得脸大，而且脸上的瑕疵会很轻易地显现出来，离得太远也不合适，主播会看不到屏幕上与粉丝互动的文字。

最后身体上半身要出现在画面的中心。有些主播为了制造神秘感，仅仅只露出半张脸，偶尔这样也无可厚非，长时间这样的话，粉丝会失去耐心。当然，如果觉得侧脸好看，可以把镜头稍微调偏一些，但不宜过偏。

7.6.5　直播间布光方案与技巧

一个好的直播间除了适当地装饰和合理地布局外，最重要的就是"灯光"。好的灯光布局具有3个用途。

- 有效提升主播整体形象。
- 展现品牌和产品的高光亮点。
- 改变直播氛围。

下面介绍几种直播间常见的布光方案供大家参考。

1. 一灯布光方案

在直播间里，有一类十分受欢迎的灯光器材，它就是环形灯。

一灯方案中，使用环形灯作为光源。环形灯光效均匀柔和，从各个方向将柔光打到脸上，达到瘦脸、补光、美颜效果。最重要的是能在主播的眼睛里反映出环形亮斑，俗称"眼神光"。操作简单快捷，还可以调节色温和亮度来控制冷暖光。图 7-34 所示为使用环形灯的直播间的一灯布光方案。

图 7-34 使用环形灯的直播间一灯布光方案

小贴士： 如果想让主播看起来脸小，灯光放置在主播的正前方，灯高于主播 15 厘米左右，主播与灯的距离约 1 米左右，适当垫高灯的后脚，使灯光向前下倾斜一定的角度照射，这样可以使主播脸看起来显小。

2. 双灯布光方案

环形灯在直播间的应用非常广泛，不过当直播范围不再局限于主播的脸部时，一盏灯的光线显然是不够用的。通常情况下，在美食或珠宝等产品类的直播间，就可以适当增加一个光源，变成双灯方案。

这时候，主灯也不局限于环形灯，可以有更多的选择。双灯组合可以根据直播的需要进行搭配。推荐几款产品，如南光 LED 平板摄影灯 CN-T200、金贝（JINBEI）EFP50 摄影灯直播补光灯、神牛摄影灯 LEDP120C、金贝 JB260 灯架 +65 度球形柔光罩等产品。

图 7-35 所示为使用双灯方案的直播间效果。

图 7-35 使用双灯方案的直播间效果

3. 三灯布光方案

当直播间需要"全身直播"，尤其是服饰类、拉杆箱、家具、舞蹈等，这样的直播间布光方案就需要升级了，可以考虑使用三灯及以上组合。

例如，图 7-36 所示的三灯方案的直播间效果。

1 号灯位：M3 灯架 +EF150+M1200 八角柔光箱，主灯使用 M1200 八角柔光箱照亮模特头发和面部，并且充当眼神光。

2 号灯位：JB260 灯架+65 度球形柔光罩，模特右前侧补光，包围补光充当一定环境光。

3 号灯位：DDJ20 地灯架 +M70X100 柔光箱，打亮模特腿部，充当眼神光。

4. 四灯布光方案

全场景直播，可以考虑使用四灯方案。例如，图 7-37 所示的四灯方案的直播间效果。

图 7-36 三灯方案的直播间效果

图 7-37 四灯方案的直播间效果

1 号灯位：M3 灯架＋EF150 ＋ M1200 八角柔光箱，主灯使用 M1200 八角柔光箱照亮模特头发和面部，并且充当眼神光。

2 号灯位：JB260 灯架＋EF150 ＋ M70×100 柔光箱，充当模特右前侧轮廓光。

3 号灯位：JB260 灯架 +65 度球形柔光罩，模特右前侧补光，包围补光充当一定环境光。

4 号灯位：JB260 灯架＋EF150 ＋ M70×100 柔光箱，充当模特左侧轮廓光。

5. 五灯布光方案

直播时间久了，所需场景空间越来越大。大型直播间的灯光主要有主灯、补光灯、轮廓光、顶光、环境光，确保人物形象饱满，画质更清晰。

例如，图 7-38 所示的五灯方案的直播间效果。

图 7-38 五灯方案的直播间效果

　　1 号灯位：M3 灯架＋ EF150 ＋ M1200 八角柔光箱，主灯使用 M1200 八角柔光箱照亮模特头发和面部，并且充当眼神光。

　　2 号灯位：JB260 灯架＋ EF150 ＋ M70×100 柔光箱，充当模特右侧轮廓光。

　　3 号灯位：JB260 灯架＋ EF150 ＋ M70×100 柔光箱，充当模特左侧轮廓光。

　　4 号灯位：JB260 灯架＋ 65cm 球形柔光罩，模特右前侧补光，包围补光充当一定环境光。

　　5 号灯位：JB260 灯架＋ 65cm 球形柔光罩，模特左前侧补光，包围补光充当一定环境光。

　　采用五灯布光方案的优势是：在全场景直播中，主播的动作幅度大也能均匀受光。

7.7　直播平台的特点及要求

　　直播平台需要跟直播内容相联系，所以按照直播内容选择直播平台最合适。本节总结了目前多个主流直播平台的各自特点以及要求和运营要点，为需要了解直播的朋友作参考。

7.7.1　淘宝直播

　　淘宝主播前期需要进行积聚粉丝的过程，在粉丝和知名度达到一定量级之后，才能引发销量的提升。在淘宝进行直播，最好有一个固定的时间段，每次直播完之后可以将直播要点发布在微淘里，进行二次沉淀。

　　关键词：人带货。

　　直播条件：在淘宝平台中进行直播，可以使用个人、店铺或者直播代运营机构这 3 种身份进行直播，每种身份开通直播的条件如下。

　　1. 个人（非商家身份）

- 淘宝达人账号层级达到 L2 级别（若还不是淘宝达人，建议先申请入驻达人）。
- 需要有较好的控场能力，需要口齿流利、思路清晰，与粉丝互动性强，因此需要上传一份主播出镜的视频，充分地、全面地、展现自己，视频大小不要超过 3MB，因为目前系统只支持 1 分钟左右的视频展示。
- 通过新人主播基础规则考试。

　　2. 个人店铺和企业店铺

- 淘宝店铺满足一钻或一钻以上（企业店不受限）。
- 主营类目在线商品数大于或等于 5，且近 30 天店铺销量大于或等于 3，且近 90 天店铺成交金额大于或等于 1000 元。
- 卖家须符合《淘宝网营销活动规则》。
- 本自然年度内不存在出售冒商品等违规的行为。
- 本自然年度内未因发布违禁信息或假冒材质成分的严重违规行为扣分满 6 分及以上。
- 卖家具有一定的客户运营能力。
- 符合直播推广类目的商家才能入驻。

　　3. 淘宝直播代运营机构

　　淘宝 MCN 是指有淘宝认证资格的专业机构，淘宝希望通过与 MCN 合作，共同培育、建设优质的达人账号和内容，促进消费升级，提升内容价值，共建国内最大的"内容＋电商"生态体系。

　　1）机构公司资质要求

- 企业必须为独立法人，有固定的办公场地，且为一般纳税人资质或者小规模纳税人资质。
- 公司有一定的优质达人资源和市场策划及宣传能力。

- 公司注册资金大于或等于 50 万元。

2）考核要求

- **新手期**：自成功入驻之日起 90 天内，成功引入达人数不低于 5 个；引入达人中至少有 5 人每人发布 3 个及以上内容。
- **正式期**：成功入驻 90 天后，以自然月为考核期，签约达人数大于或等于 5 个（直播机构需要满足至少签约 5 个有浮现权的主播）签约达人月活跃率大于或等于 70%（月活跃率＝活跃达人数／签约达人总数，自然月内至少发布 10 个有效内容视为活跃达人，直播机构的开播率需大于或等于 70%）。

3）淘宝直播机构入驻对淘宝账号的要求

- 账号需要绑定支付宝，并通过支付宝实名校验。
- 实名认证必须为企业账号，通过企业认证。
- 账号身份必须是非在线卖家店铺账号，若是在线卖家请更换账号（申请"导购直播管理"角色的企业和机构，允许卖家账号入驻）。
- 账号所有者的身份主体需要与绑定的支付宝保持一致。
- 账号所有者的身份主体只允许开通一个机构账号。

4）选择需要入驻的角色类型

登录后需要选择入驻的角色类型。目前机构后台分为 8 个角色类型，请选择符合公司业务发展的 1 个类型入驻。

- **MCN 机构**：提供 UGC、KOL、红人、明星、自媒体等达人孵化服务。
- **商家直播服务商**：为淘宝、天猫店铺提供直播代播、代运营托管、直播培训等商家直播服务。
- **档口直播服务商**：为线下档口商家提供直播能力培训和运营支持。
- **导购直播管理**：线下品牌、经销商及第三方机构，管理导购直播服务。
- **村播服务**：为新农人提供直播能力培训、运营孵化。
- **PGC 专业内容及制作机构**：电视、媒体、制作公司、传播公司等。
- **整合营销机构**：提供整合营销能力的公司。
- **直播供应链基地**：自有品牌、供应链、工厂资源，能够为机构、主播提供货品支持。

5）其他方面

直播软件：手机端的淘宝主播；PC 端的淘宝直播。

商品来源：淘宝、天猫。

热门品类：服装、珠宝、美妆个护等。

运营要点：

①维护好老客户，再考虑吸纳新客户；

②注重主播 IP 打造。

收益方式：淘宝直播没有直接的收益，只能获得直播分值奖励。在盈利方面需要先拥有自己的店铺，自己为自己带货，或是与商品卖家协商订单销量提成。

7.7.2　京东直播

在京东大数据研究院发布的《2019 年消费趋势报告》中提到，目前，消费者在经历品牌、品质消费之后，对产品选择不断向外观、颜色等品味消费方向倾斜。"热衷有态度的品牌""热衷新鲜事物""愿为幸福感买单"已成为京东群体消费的关键词。

报告显示，通过互联网的传播优势，京东上不同领域的长尾、小众市场逐渐扩大。如宠物零食的成交额破亿，增长超过了 100%。

关键词：品位消费、长尾市场。

直播条件：PC 端直播资料提交；直播申请；站内、外粉丝数大于或等于 20000 人。

直播软件：手机端是京东视频；PC 端是京东内容开放平台。

热门品类：日用、家电、食品、数码等。

运营要点：

①品牌必须有自己的态度；

②消费群体对于新产品购买率较高。

7.7.3　拼多多直播

拼多多直播扩散方式是依靠用户裂变形成的。拼多多对直播的扶持与裂变息息相关。比如直播首秀只要三位好友组团就能获得直播商品的五折优惠券，组团看直播可以获得拼团低价。从其直播活动来看，直播主要流量不仅依赖于自身用户，更是想要吸纳外部的用户群体。

关键词：用户裂变。

直播条件：填写直播申请资料，并缴纳 2000 元店铺保证金。

直播软件：手机端是拼多多商家版。

热门品类：水果、食品、生活用品等。

运营要点：

①合理利用平台活动进行用户裂变；

②拓展产品宣传渠道。

7.7.4　抖音直播

抖音的核心玩法在于内容的输出。一直以来抖音都想为用户打造沉浸式的体验，所以抖音对优质内容的流量扶持力度更高。

在对直播流量的获取上，彰显用户体验的互动行为成为了抖音流量倾斜的标志。直播上互动、打赏一系列用户行为都可以为直播增加热度，也可以增加直播曝光量。

关键词：内容。

直播条件：实名认证；个人主页视频数（公开且审核通过）大于或等于 10 条；账号粉丝量大于或等于 1000。

开通购物车条件：开通商品橱窗，发布 10 条视频，粉丝数大于 1000 人；开通橱窗后，自动解锁购物车功能。（抖音个人直播带货需要缴纳 500 元推广保证金，申请抖音小店须提交相关资质。）

直播软件：手机端是抖音；PC 端是 OBS。

商品来源：鲁班电商、淘宝、京东等。

热门品类：女装、美妆、护肤、食品等。

运营要点：

①利用短视频为账号引流，再用直播或橱窗带货；

②以内容输出为核心。

7.7.5　快手直播

快手直播依靠"打赏＋带货"两种形式并行，快手直播电商主要针对下沉市场，所以快手规则少，卖货短平快，用户多样化。快手对于直播的限制特别宽泛，反私有化行为较为明显。如快手默许主播将粉丝导向个人微信、微博。

关键词：下沉市场。

直播条件：实名认证。

开通购物车条件：开通快手小店，快手小店开通后，自动解锁购物车权限。

直播软件：手机端是快手；PC 端是快手直播伴侣。

商品来源：快手小店、有赞、淘宝等。

热门品类：食品饮料、美妆、家居日用等。

运营要点：

①将平台粉丝和消费群体转化为私域流量；

②选择热门产品进行销售。

7.7.6 微博直播

目前微博直播没有较大的展现路径，仅能发布微博进行直播开播提醒，以及在视频栏提示用户其关注的博主正进行直播。但直播界面可以使用购物车添加淘宝商品链接，也可以进行用户打赏。

微博直播与微博前端是互通的，可以与前端粉丝相关联。博主可以将直播作为一个与粉丝联系的手段和转化的渠道。

关键词：转化渠道。

直播条件：实名认证。

开通购物车条件：微博加 V。

直播软件：手机端是微博。

商品来源：淘宝等。

热门品类：女装、美妆个护、食品等。

运营要点：

①对微博进行运营，用内容吸引用户成为微博粉丝；

②再利用直播进行流量转化。

7.7.7 西瓜视频

西瓜视频是多元文化的综合视频平台，拥有以短视频、超短视频、长视频和直播组合成的内容矩阵，是 KOL 孵化的优质平台。如美食作家王刚和华农兄弟，均是西瓜视频孵化的出圈素人。

西瓜视频在定位上以泛娱乐为发展要点，垂直内容次之，目前网站6成左右的份额属于泛娱乐内容。

关键词：泛娱乐。

直播条件：实名认证。

直播软件：手机端是西瓜视频；PC 端是西瓜直播伴侣。

商品来源：小店、淘宝、京东等。

热门品类：水果、食品、服装等。

运营要点：

①内容简单化、垂直化、娱乐化；

②专业知识、科普类、文化艺术类内容在用户的内容消费诉求下，有很大的蹿红空间；

③内容专业性强、有特色的小众的领域，粉丝黏性高，变现潜力巨大。

7.7.8 小红书直播

小红书月活量已超过 1 亿人，每天有约 30 亿的笔记曝光量。红书直播开启之后，最初的直播内容以博主与粉丝进行互动、分享为主。如今小红书转变直播思路，将直播重点转移到电商上。

小红书直播后续发展将以"笔记＋直播"双向种草为核心，同时直播也将成为用户"拔草"的转化渠道。

关键词：拔草。

直播条件：实名认证。

开通购物车条件：目前仅限官方邀请。

直播软件：手机端是西瓜视频；PC 端是西瓜直播伴侣。

商品来源：官方自营。

热门品类：美妆、时尚、文化、美食等。

运营要点：

①选择热门品类进行带货，自有种草笔记为产品宣传曝光；

②可以利用笔记为产品宣传推广。

7.7.9 蘑菇街直播

直播对于蘑菇街来说是一个自救手段，也是蘑菇街最大规模的战略转型。所以对参与直播的主播和商家，蘑菇街都给予最大的扶持力度，并推行"全程服务、佣金双免、无保证金、无须入驻"等多项优惠举措，来提高直播产业的发展，帮助商家与自身提振销售、渡过危机。

关键词：扶持力度。

直播条件：实名认证。

开通购物车条件：在主播小店中填写申请。

直播软件：手机端是蘑菇街。

商品来源：蘑菇街。

热门品类：女子、鞋靴、箱包、彩妆等。

运营要点：

①目前是 MCN 机构和个人主播入驻蘑菇街的好时机；

②目前蘑菇街对直播扶持力度较大，积极参与蘑菇街相关活动，能够获得蘑菇街流量倾斜。

7.7.10 BiliBili 直播

在 24 岁及以下的年龄区间内，头部直播平台中，B 站有最高的占比。此类用户无视电商规则，更注重商品价值与服务，且不局限于实物消费，对于虚拟物品的消费水平也较高。且 Z 世代群体更注重消费体验，并且愿意为自己的喜好买单。

关键词：Z 世代。

直播条件：实名认证。

直播软件：手机端是 BiliBili；PC 端是 BiliBili 直播姬。

热门品类：娱乐单机、网游、手游、电台、二次元分区等。

运营要点：

①B 站没有购物车选项，也没有转化路径，如需带货只能在直播内容中植入软广告或广告图；

②站群体适合进行有价值的内容输出，适合进行教学类垂直内容直播，再进行课程出售。

7.7.11　知乎直播

知乎是一个强调知识分享、信息传播的平台，直播也同样带有鲜明的平台烙印。知乎的直播版块拓展依旧是将如何产生更多知识、如何提高用户交流效率为主要逻辑。

直播选题和内容质量决定了粉丝活跃度、黏性和留存，有利于账号主体实现流量转化。

关键词：垂直行业。

直播条件：实名认证。

开通购物车条件：开通好物推荐（在"知乎App"上搜索"知乎好物推荐"，开通好物推荐要求是：需要关联京东PID、淘宝PID；创作等级2级以上；过去3个月未有违反《知乎社区管理规定》行为等条件；仅限个人账号，不支持机构申请。）

直播软件：手机端是知乎；PC端是OBS。

商品来源：淘宝、京东等。

热门品类：文化知识等。

运营要点：

①直播内容的深度和价值决定了用户关注度；

②采用辩论话题直播更具讨论性，能引发内容的二次创作；

③知乎的转化渠道以好物推荐、商品橱窗、直播打赏、Live讲座为主。可以将直播与问答、专栏关联起来，将粉丝聚积到账号上，再进行转化。

7.7.12　考拉海购直播

考拉海购一直经营跨境电商业务，伴随直播电商和短视频的兴起，考拉海购开始进军直播电商和短视频行业。

考拉海购的用户群体以17～35岁女性为主，对优质的直播内容有高度的敏感性。且考拉海购目前缺少破圈的头部KOL和爆款内容的打造，所以考拉海购对于优质内容制造和个人IP打造的扶持力度非常大。

关键词：跨境电商。

直播条件：考拉海购直播平台邀请入驻的用户；MCN机构可添加考拉海购管理人员钉钉进行申请。

直播软件：手机端是考拉海购。

商品来源：考拉海购。

热门品类：母婴、美妆个护、生活日用等。

运营要点：

①直播产品购买过程，为产品真实性进行背书；

②可以选择输出探索产品原产地和产业带等内容；

③主要产出女性群体感兴趣的关键词的垂直内容。

7.8　本章小结

直播是一种全新的销售渠道，通过直播与短视频的方式，实现虚拟现场解说与产品相结合的模式来服务粉丝群，相比到店消费，消费者不再局限于本地，黏性更大。通过对本章内容的学习，希望能够理解有关直播的概念，并掌握直播间装饰设计与灯光设计的方法与技巧。